NOTICE

SUR LA COMPAGNIE IMPÉRIALE

DES

VOITURES DE PARIS

DEPUIS SON ORIGINE JUSQU'A CE JOUR

AVRIL 1859

PARIS

IMPRIMERIE DE P.-A. BOURDIER ET C°

RUE MAZARINE, 30

AVANT-PROPOS

La Compagnie Impériale des voitures de Paris est, de toutes les sociétés industrielles, celle qui a le plus occupé l'attention publique. Elle doit cette situation exceptionnelle à diverses causes, parmi lesquelles il faut compter l'importance du service dont elle est chargée, l'élévation de son capital et surtout le nombre et la position sociale de ses actionnaires. Ses titres, grâce à leur chiffre d'émission, ont pu être répartis dans les mains des plus humbles capitalistes; les souscriptions se subdivisent en fractions imperceptibles; il n'y a pas moins de 12,000 sociétaires. La population parisienne est en contact permanent avec les agents de la Compagnie, et Dieu sait les commentaires de toutes sortes qui s'échangent, chaque jour, dans les voitures, sur les places, dans les cafés, dans les cabarets; jamais publicité n'a trouvé de semblables éléments d'expansion, et, conséquemment, jamais la malveillance n'a eu si belle occasion d'égarer l'opinion.

Nous ne voulons pas énumérer les reproches de toute nature adressés à la Compagnie Impériale des voitures. Son principal, nous pourrions dire, son unique tort, est de ne pas distribuer de dividendes. Les quelques parcelles d'intérêts payés dans les premiers mois de sa fondation ont failli ébrécher, devant le tribunal correctionnel, l'honorabilité commerciale de ses fondateurs. Une entreprise qui prospère a droit à tous les égards et possède, en apparence, toutes les vertus, mais l'absence de répartitions bénéficiaires est considérée avec quelque raison comme un crime de lèse-capital, et, pour ce méfait, la pauvre Compagnie a dû subir toutes les tortures de l'inquisition industrielle. L'attaque a fini par prendre un véritable caractère de férocité : le mot n'est pas trop fort. Il faut avoir lu, comme nous, les lettres anonymes ou signées, les dénonciations adressées par centaines aux ministres, aux magistrats judiciaires et municipaux, aux administrateurs anciens et nouveaux de la Compagnie, pour se faire une idée de la violence que peut atteindre le mécontentement de gens lésés dans leurs intérêts ou dans leur ambition.

Ému par le retentissement de la clameur générale, le pouvoir a voulu savoir la vérité, il a ordonné une enquête. Les livres de la Compagnie ont été soumis à l'investigation minutieuse d'un expert en comptabilité. Le parquet a recueilli avec une laborieuse assiduité tout ce qui lui a paru pouvoir conduire, de près ou de loin, à la connaissance intime des hommes et des choses. On a tout vu, tout fouillé ; les recherches ont duré huit mois ; elles se sont dénouées par un jugement du tribunal de police correctionnelle que nos lecteurs connaissent. Le procès n'a pas réalisé, il est vrai, l'attente du public. On comptait voir sortir, de ce long et mystérieux enfantement, des mastodontes ou quelque autre monstruosité antédiluvienne ; il a fallu se contenter de résultats beaucoup plus modestes. Mais enfin le but moral a été atteint, le jour s'est fait.

Tout le monde sait maintenant que l'intelligence, le zèle et l'habileté des administrateurs les plus capables échoueraient devant les impossibilités matérielles qui ont été faites à la Compagnie par les traités qui la régissent. Notre but, en écrivant cette notice, a été de rendre la vérité des faits évidente même pour les moins clairvoyants, et d'attribuer nettement à chacun la responsabilité de ses actes.

Les causes de l'insuccès de cette grande entreprise vont être franchement exposées dans cet écrit. Nous discuterons peu ; les pièces officielles portent avec elles leur moralité. Nous nous bornerons à dire, quant à présent, que, parmi les causes qui ont imposé de si lourds sacrifices à MM. les actionnaires, il en est de permanentes et d'autres qui n'ont été et ne seront que transitoires. Nous les indiquons ici dans leur ordre chronologique.

Les causes permanentes sont :

1° Le traité du 23 mars 1855, passé avec la ville de Paris ;
2° L'exagération du capital social ;
3° L'immobilisation d'une partie de ce capital dans des constructions de dépôts et d'ateliers.

Les causes transitoires ont été ou sont :

1° L'élévation des dépenses administratives ;
2° La cherté progressive des fourrages depuis la création de la Compagnie ;
3° L'insuffisance du contrôle.

Chacune de ces causes sera examinée dans cette Notice.

NOTICE

SUR LA COMPAGNIE IMPÉRIALE

DES

VOITURES DE PARIS

DEPUIS SON ORIGINE JUSQU'A CE JOUR

Fondation de la Compagnie Impériale. — Traités.

I.

L'idée de fusionner les services de place et de remise entre les mains d'une seule compagnie, fut la conséquence de ce qui venait d'être fait pour les Omnibus. L'autorité municipale était mue dans cette circonstance par le désir très-louable d'améliorer ce grand service d'intérêt public et d'augmenter les recettes de la ville de Paris. Ce projet, mis à l'étude dès l'année 1854, ne fut réalisé qu'en 1855. C'était, on se le rappelle, l'année de la grande Exposition universelle. Alors, la circulation avait doublé dans Paris. Ce fut donc sous l'impression de ce mouvement insolite qu'eurent lieu les traités entre la ville de Paris, d'une part, et les fondateurs de la Compagnie Impériale, d'autre part. Ces traités étaient inspirés par des espérances que la pratique et le temps sont venus cruellement démentir. Il nous paraît indispensable de les reproduire dans leur texte.

Convention passée entre M. le Préfet de police et MM. les Administrateurs de la Compagnie Impériale des voitures de Paris.

Entre :

M. le Préfet de police, agissant en cette qualité, d'une part ;

Et les sieurs : 1° Pierre-Henri-Dieudonné Bourlon, administrateur des Messageries générales, député au Corps législatif, demeurant à Paris, rue Pigale, 18 ;

2° Vincent-Marc-Désiré Caillard, administrateur des Messageries générales, demeurant quai Malaquais, 17 ;

3° Ferdinand Calvet-Rogniat, député au Corps législatif, demeurant rue Castiglione, 8. En son nom et comme se portant fort de M. Eugène Lhuillier, manufacturier, demeurant rue du 29 Juillet, 5 ;

4° Eugène Lecointe, député au Corps législatif, demeurant rue de la Paix, 7 ;

5° Jean-Édouard Caillard, administrateur des Messageries générales, demeurant rue de Lille, 105 ;

6° Claude Arnoux, administrateur des Messageries générales, demeurant rue Montparnasse, 23 ;

7° Louis-Jules Bary, inspecteur général des Messageries générales, demeurant rue Saint-Honoré, 130 ;

8° Et M. Marie-Antoine Barbier Sainte-Marie, administrateur des Messageries générales, demeurant rue Lafayette, 13 ;

S'engageant solidairement entre eux, d'autre part,

Ont été faites les conditions suivantes :

ARTICLE 1er. — Le Préfet de police concède aux sieurs Bourlon et consorts cinq cents numéros de voitures de place.

Cette concession est faite aux clauses et conditions suivantes :

ARTICLE 2. — Les cinq cents nouvelles voitures concédées devront être mises en circulation dans le délai de trois mois, à compter de l'homologation du présent traité.

ARTICLE 3. — A compter de la date de l'homologation du présent traité, les sieurs Bourlon et consorts payeront à la ville de Paris, pour chacune des cinq cents voitures concédées, la redevance annuelle qui a été déterminée par le décret Impérial du..... (*La date est restée en blanc.*)

Cette redevance sera due :

Sur cent cinquante voitures, un mois après l'homologation des présentes ;

Sur trois cents, deux mois après l'homologation ;

Et sur cinq cents, trois mois après.

ARTICLE 4. — Les sieurs Bourlon et consorts s'obligent solidairement à racheter, sur première réquisition, les numéros et le matériel de ceux des titulaires de numéros actuels qui en feront la demande à la Préfecture de police, dans les deux mois, à partir de l'homologation du présent traité.

Le prix en sera fixé, soit à l'amiable, soit à dire d'experts.

Les numéros et le matériel seront évalués séparément. *L'évaluation de chaque numéro ne pourra être au-dessous de sept mille cinq cents francs, pour les fiacres ou coupés, et six mille cinq cents francs pour les cabriolets.*

Le payement en sera fait dans un délai raisonnable.

Les sieurs Bourlon et consorts s'obligent également avec solidarité, à racheter, à dire d'experts, le matériel de tout entrepreneur actuel de voitures, dites sous remise, qui en fera la demande dans le délai ci-dessus fixé.

Toutes les fois qu'il y aura dissentiment entre les experts, un tiers expert sera nommé par M. le Préfet de police.

De plus, et pour arriver autant que possible à la fusion de toutes les entreprises faisant à Paris le service à l'heure et à la course, les sieurs Bourlon et consorts s'engagent solidairement à négocier, sous l'autorité du Préfet de police, cette fusion avec les Compagnies ou Entrepreneurs qui n'auront pas réclamé le bénéfice du rachat imposé par les deux premiers paragraphes du présent article.

ARTICLE 5. — *Les sieurs Bourlon et consorts soumettront le modèle de leurs voitures à l'approbation du Préfet de police, qui pourra prescrire les améliorations dont elles seront reconnues susceptibles dans l'intérêt tant de la bonne apparence des voitures et attelages que de la sûreté et de la commodité des voyageurs.*

Ils se conformeront, à cet égard, aux prescriptions administratives dans le délai que fixera le Préfet de police.

Les sieurs Bourlon et consorts seront tenus d'ailleurs de se soumettre, pour l'exploitation des voitures qui leur sont concédées par le présent traité, ou dont ils feront l'acquisition, à toutes les prescriptions des règlements actuellement en vigueur, ou qui pourront être faits à l'avenir.

Ils devront enfin obtempérer à toutes les réquisitions qui leur seront adressées par le Préfet de police pour l'établissement de services spéciaux, de jour ou de nuit, soit aux chemins de fer, soit à la sortie des théâtres, soit en toute autre circonstance et sur tous autres points.

ARTICLE 6. — Le tarif du prix des courses et le mode d'établissement de ce tarif restent à la détermination du Préfet de police.

ARTICLE 7. — Les sieurs Bourlon et consorts seront tenus de soumettre à l'approbation du Préfet de police un modèle d'uniforme pour les cochers.

Ils établiront, après avoir obtenu les autorisations nécessaires, une Caisse de retraite pour les cochers et les palefreniers.

ARTICLE 8. — Les sieurs Bourlon et consorts seront tenus de communiquer, à toute réquisition, leurs comptes au Préfet de police.

Ils fourniront, tous les trois mois, un état indicatif des noms et demeures des personnes employées au service actif.

Le Préfet de police aura le droit d'ordonner le renvoi, soit définitif, soit temporaire, de ces personnes lorsqu'elles auront donné lieu, à l'occasion du service ou pour toute autre cause, à des plaintes qu'il jugera fondées.

ARTICLE 9. — Si les sieurs Bourlon et consorts, pour une cause quelconque, venaient à cesser leur exploitation ou étaient hors d'état de la continuer, M. le Préfet de police pourrait, par un simple arrêté, les déclarer déchus du bénéfice du présent traité.

Dans ce cas, les cinq cents numéros qui leur sont concédés, ensemble ceux qu'ils auront rachetés ou adjoints par voie de fusion, leur seraient retirés et l'administration pourvoirait au service par tel moyen qu'elle jugerait convenable.

A cet effet, elle prendrait immédiatement possession provisoire des voitures, des che-

vaux, des approvisionnements et de tout le matériel de l'exploitation, ainsi que des écuries, magasins et autres locaux dépendant de cette exploitation.

ARTICLE 10. — *Dans le cas où, à l'occasion du service dont ils sont chargés, les sieurs Bourlon et consorts donneraient lieu à des plaintes reconnues fondées par le Préfet de police, la déchéance prévue par l'article précédent pourrait également être prononcée si, après avoir été mis en demeure par l'autorité administrative, ils ne faisaient pas immédiatement cesser le mauvais service qui aurait motivé ces plaintes.*

La concession pourra également être retirée après une mise en demeure administrative, en cas de non-payement de la redevance fixée à l'article **3**.

Il en sera de même si les sieurs Bourlon et consorts ne défèrent pas, dans le délai fixé par le Préfet de police, aux réquisitions qu'il s'est réservé de leur adresser ou s'ils n'exécutaient pas les conditions imposées par l'article **4**.

ARTICLE 11. — *En cas de retrait de ladite concession, dans les cas prévus par le présent traité, les sieurs Bourlon et consorts s'engagent solidairement à céder, soit à la ville, soit à de nouveaux concessionnaires, tout leur matériel d'exploitation, à dire d'experts, et sans autre indemnité.*

ARTICLE 12. — Il demeure bien entendu que le présent traité ne pourra avoir pour effet de soustraire les sieurs Bourlon et consorts à l'exécution des règlements faits et à faire par le Préfet de police, dans la limite de ses attributions et dans l'intérêt de la sûreté et de la commodité de la circulation, et qu'il ne porte aucune atteinte au droit de créer de nouveaux numéros, suivant les besoins de la cité.

ARTICLE 13. — Le présent traité ne sera définitif qu'après avoir été revêtu de l'approbation de l'autorité supérieure.

Fait à l'hôtel de la Préfecture de police. Le Préfet de police, *Signé :* PIÉTRI.

Approuvé l'écriture. *Signé :* LECOMTE, ARNOUX, Marc CAILLARD, CALVET-ROGNIAT, Éd. CAILLARD, BARBIER, BOURLON et Jules BARY.

Vu et signé par le Président et le Secrétaire de la Commission municipale, conformément à la délibération en date de ce jour.

Paris, le vingt-trois mars 1855.

Le Président, *Signé :* DELANGLE.
Le Secrétaire, *Signé :* G. THIBAUT.

Pour copie certifiée conforme et véritable par les soussignés.

Signé : Eug. LECOMTE, Marc CAILLARD, ARNOUX, BARBIER, Édouard CAILLARD, CALVET-ROGNIAT, Eugène LHUILLIER, Jules BARY et BOURLON.

En marge est écrit : Enregistré à Paris, 3e bureau, le premier mai mil huit cent cinquante-cinq, folio 46 verso, cahier 11 : reçu deux francs et le décime vingt centimes. *Signé :* FAVRE.

PRÉFECTURE DU DÉPARTEMENT DE LA SEINE.

*Extrait du registre des procès-verbaux des séances de la Commission municipale
de la ville de Paris.*

SÉANCE DU 23 MARS 1855.

Présents : MM. Bayvet, Billaud, Boissel, de Breteuil, Chaix d'Est-Ange, Cheva-
lier, Delangle, Devinck, Didot, Fouché-Lepelletier, Frémyn, Herman, Eug. Lamy,
Ledagre, Legendre, Moreau (Seine), Moreau (Ernest), Casimir Noël, Pécourt,
Pelouze, Périer, Peupin, de Riberolles, de Royer, Ségalas, Ed. Thayer, Germain
Thibaut, Thierry et Tronchon.

La Commission municipale,

Vu le Mémoire, en date du vingt-sept février dernier, par lequel M. le Préfet de
police soumet à son approbation un traité arrêté provisoirement entre lui et
MM. Bourlon, Vincent et Édouard Caillard, Arnoux, Barbier Sainte-Marie, administrateurs des Messageries générales, Bary, inspecteur desdites Messageries générales,
Rogniat et Lecomte, députés au Corps législatif, et Eugène Lhuillier, manufacturier,

Par lequel M. le Préfet leur concède cinq cents numéros nouveaux de voitures de
place, aux conditions énoncées audit traité que MM. Bourlon et consorts ont acceptées et se sont obligés solidairement d'exécuter;

Vu le traité dont il s'agit, signé de M. le Préfet de police et de tous les susnommés,
lequel sera paraphé, *ne varietur*, par M. le président de la Commission municipale
et M. le secrétaire, et sera transcrit littéralement sur le registre des séances, à la
suite de la présente délibération;

Considérant qu'il résulte du Mémoire de M. le Préfet de police qu'il existe, en ce
moment, stationnant sur diverses places de la ville de Paris, seize cent quarante-
six voitures, à gros numéros, dites fiacres, coupés et cabriolets, et une certaine
quantité de pareilles voitures dites supplémentaires; autorisées à circuler à de certains jours seulement;

Que toutes ces voitures ont payé à la ville, en mil huit cent cinquante-quatre,
une redevance qui s'est élevée à trois cent treize mille cent quatre-vingt-neuf francs
dix-sept centimes, ci. 313,189 17

*Que cette redevance devant, ainsi que M. le Préfet de police l'énonce
dans son Mémoire, être portée par un décret Impérial, tant pour les* —————

A reporter. 313,189 17

2

Report. 313,189 17

cinq cents nouvelles voitures que pour les anciennes, à une somme de trois cent soixante-cinq francs pour chaque voiture et par an, la redevance à percevoir par la ville se montera à huit cent seize mille cinq cent quatre-vingt-dix francs, ci. . . . . . . : . . . .   816,590 »».

Ce qui donnera une augmentation annuelle de cinq cent trois mille quatre cents francs quatre-vingt-trois centimes, ci. 503,400 83

Considérant que M. le Préfet de police énonce qu'il existe, en outre, dans Paris, deux mille autres voitures, coupés ou cabriolets, dits de remise, établis avec son autorisation, dans les lieux particuliers agréés par lui, porteurs de petits numéros apposés par son administration, et dont le prix des courses est réglé par un tarif adopté par lui et plus élevé que celui des fiacres, coupés et cabriolets ;

Que ces voitures circulent dans Paris comme les autres, y stationnent là où elles s'arrêtent et viennent se placer dans les files de voitures qui se forment, le soir, aux stations des chemins de fer, aux portes des spectacles et de toutes les maisons où il y a des concerts, des bals et des réunions publiques ou particulières ;

Qu'il paraît juste de leur imposer une redevance pareille de trois cent soixante-cinq francs par an et pour chaque voiture en activité, et de cent francs pour chaque voiture supplémentaire, *par décret à intervenir, laquelle s'élèvera en totalité à sept cent trente mille francs,* ci. . . . .   730,000 »»

Qu'au moyen de ces dispositions, les deux services de ces voitures réunies donneront une augmentation de recettes montant, chaque année, à un million deux cent trente mille francs, ci. . . . .   1,230,000 »»

Considérant que, par le traité ci-dessus énoncé, MM. Bourlon et consorts, en consentant à construire et livrer à la circulation cinq cents nouvelles voitures, s'obligent solidairement à racheter, sur première réquisition, les numéros et le matériel des seize cent quarante-six titulaires de numéros à ceux qui en feront la demande à M. le Préfet de police, aux prix qui seront fixés, soit à l'amiable, soit à dire d'experts, à la condition que chaque numéro ne pourra être évalué au-dessous de sept mille cinq cents francs pour les fiacres et coupés, et six mille cinq cents francs pour les cabriolets ;

Qu'ils consentent aussi, solidairement, à racheter le matériel de tout entrepreneur actuel de voitures dites sous remise, qui en fera la demande ;

Qu'ils s'engagent, en outre, à négocier, sous l'autorité du Préfet de police, une fusion entre eux et les Compagnies ou autres propriétaires de voitures qui n'ont pas réclamé le bénéfice du rachat ci-dessus énoncé ;

Qu'enfin MM. Bourlon et consorts s'obligent à payer les trois cent soixante-cinq francs, montant de la redevance annuelle de chacune des cinq cents voitures nouvelles qu'ils vont établir, de celles qu'ils rachèteront ou de celles dont les propriétaires consentiront à fusionner dans leur entreprise;

Considérant qu'il est constant, ainsi que M. le Préfet de police l'énonce dans son Mémoire, que le service des voitures publiques à Paris, sur place et sous remise, réclame depuis longtemps de notables améliorations;

Qu'il est tout à fait insuffisant et qu'il convient, en l'augmentant, de le reconstituer de manière à ce qu'il puisse convenablement répondre aux besoins et au goût du public, surtout au moment où l'Exposition universelle, en amenant à Paris une grande quantité d'étrangers et de voyageurs venant des départements, va accroître le besoin de voitures publiques sur tous les points de la capitale;

Considérant que le traité présenté par M. le Préfet de police paraît satisfaire à ces nécessités et offrir toutes les garanties désirables pour l'établissement d'un service général suffisant, régulier et bien fait, le jour ou la nuit, sur tous les points de la capitale;

Que le service des voitures, ainsi organisé, offrira au public toute la sécurité convenable, puisque les voitures nouvelles devront être construites sur des modèles agréés par M. le Préfet de police, qui aura le droit de surveiller tous les agents de l'administration, de prescrire leur uniforme, et de demander leur changement s'il y a lieu;

Considérant que la redevance de trois cent soixante-cinq francs, qui serait allouée pour chaque voiture et par an, n'a rien d'exagéré; qu'elle n'est qu'une juste indemnité des dépenses que la ville de Paris fait chaque jour pour entretenir et améliorer les voies publiques, que ces voitures parcourent sans cesse, et pour leur en rendre l'accès plus facile et plus doux;

Qu'ainsi, et sous tous les rapports, le traité proposé satisfait, à la fois, aux intérêts de la ville de Paris, aux besoins de ses habitants, et aux justes exigences de l'autorité municipale, tout en respectant les droits et intérêts des propriétaires actuels de voitures de place et de remise;

Considérant enfin, qu'en concédant ainsi à MM. Bourlon et consorts l'exploitation des voitures de place et de remise, devant faire leur service dans Paris, *l'administration municipale a le droit et le devoir d'exiger d'eux, qu'ils fixent et construisent dans l'intérieur de la ville de Paris et non ailleurs, les divers établissements nécessaires à leur entreprise;*

Qu'en prélevant sur les habitants de Paris les bénéfices qui résulteront de cette entreprise, il est juste, qu'à leur exemple, ils supportent toutes les charges qui incombent à chacun d'eux et à chaque industrie,

Délibère :

Il y a lieu, par la Commission municipale, d'approuver le traité proposé par M. le

Préfet de police, ci-dessus relaté, aux conditions y énoncées, mais avec les modifications qui suivent, à savoir :

1° Que les cinq cents voitures nouvelles à établir par MM. Bourlon et consorts, celles qu'ils auront rachetées à divers propriétaires, et celles appartenant à des Compagnies ou à des particuliers qui se seront fusionnés avec eux, seront passibles envers la ville de Paris d'une redevance annuelle de trois cent soixante-cinq francs chacune, que MM. Bourlon et consorts verseront dans la Caisse municipale, aux époques qui y seront indiquées par l'administration ;

2° Qu'en cas de rachat de tout ou partie desdites voitures, MM. Bourlon et consorts devront supporter toutes les charges de l'exploitation dont chacun des propriétaires actuels est en ce moment grevé ; et qu'en cas de difficultés sur l'appréciation desdites charges ou sur la fixation de leur valeur, M. le Préfet statuera ;

3° Que M. le Préfet de police devra, autant qu'il le pourra, se refuser et s'opposer même à la constitution de sociétés anonymes, pour l'exploitation de tout ou partie des voitures concédées, rachetées ou fusionnées, tant que MM. Bourlon et consorts n'auront point exécuté toutes les clauses du présent traité.

La Commission municipale exprime le désir que les établissements destinés à l'exploitation de MM. Bourlon et consorts soient formés dans l'intérieur de Paris, et que M. le Préfet de police prenne les mesures nécessaires à cet effet.

Signé au registre : DELANGLE, président ; Germain THIBAUT, secrétaire.

Pour copie conforme : Le Secrétaire général de la Préfecture, *Signé :* MERRUAU.

Pour copie conforme et certifiée véritable par les soussignés ,
Signé : Édouard CAILLARD, Eugène LECOMTE , C. ARNOUX, Marc CAILLARD, BOURLON, Jules BARY, LHUILLIER, CALVET-ROGNIAT et BARBIER.

Suit cette mention : Enregistré à Paris, 3ᵉ bureau, le premier mai mil huit cent cinquante-cinq, folio 46 verso, cahier 5 ; reçu deux francs vingt centimes, dixième compris. *Signé :* FAVRE.

L'approbation du Conseil municipal fut motivée, ainsi qu'on vient de le voir, par la considération :

« *Qu'au moyen des dispositions de ces traités, les deux services des voi-* « *tures réunis donneraient une augmentation de recettes montant, chaque* « *année, à un million deux cent trente mille francs.* »

La Compagnie recevait, il est vrai, 500 nouveaux numéros de place et 500 nouveaux écussons de remise. Les 500 numéros de place, d'après l'estimation arbitrée par M. le Préfet de police, équivalaient à un don de trois millions cinq cent mille francs. Mais, si l'on réfléchit que, d'un côté, l'augmentation du nombre des voitures en circulation a dû diminuer la moyenne des recettes, et que, d'un autre côté, les charges nouvelles représentent annuellement le tiers de la valeur totale des numéros concédés, on reconnaîtra que cette concession, loin d'avoir été gratuite, a été au contraire exclusivement profitable à la Caisse municipale.

Quant aux 500 écussons de régie, nous cherchons vainement l'utilité d'une pareille mesure. Cette industrie était libre avant le traité. La Compagnie n'avait donc pas besoin d'une concession spéciale. La ville de Paris possédait déjà deux mille voitures environ, appartenant à cette catégorie. Non-seulement c'est beaucoup plus qu'il n'en faut pour les besoins du public, mais encore il est matériellement impossible aux loueurs de les loger conformément aux règlements de police. On sait que ces voitures n'ont pas le droit de stationner sur les places ou dans les rues sans être gardées par un voyageur. Il faut donc qu'elles attendent le travail sous remise. Or, les embellissements et les transformations de la capitale font disparaître chaque jour les anciennes remises; bientôt, il n'y en aura plus dans les quartiers les plus riches. Il faudra, pour abriter ces voitures, les reléguer dans les faubourgs, loin des centres de la circulation commerciale et au milieu d'une population ouvrière qui n'en fait jamais usage. Le but de la création d'une Compagnie centrale étant de fusionner tous les services, on ne comprend pas cette exagération de voitures. C'était tourner le dos à la concentration.

Ce n'est pas tout. Cette concession a été bien plus onéreuse encore que celle des 500 numéros de place. Pour ces derniers, en effet, les traités ne faisaient que surélever une taxe préexistante, tandis que pour les écussons de régie, ce n'était plus une simple surélévation, mais bien une taxe nouvelle, d'autant plus rigoureuse qu'elle frappait des numéros qui ont peu de valeur commerciale et quo, par un triste privilége, elle atteignait exclusivement la Compagnie.

Nous n'avons pas besoin de faire ressortir la sévérité des conditions énoncées dans les divers articles de ces traités. Jamais une des deux parties contractantes ne s'est plus complétement livrée à la discrétion de la partie adverse, que ne l'ont fait, dans cette circonstance, MM. les fondateurs de la Compagnie à l'égard de la ville de Paris. Ils devaient avoir foi, sans aucun doute, dans la bienveillance d'une grande administration comme celle de la capitale de l'empire. D'un autre côté, M. le Préfet de police leur annonçait la prochaine publication d'un décret qui frapperait d'une taxe uniforme toutes les voitures circulant dans Paris; ces deux considérations, jointes à l'illusion chimérique d'un redoublement de mouvement commercial, ont pu les aveugler sur des engagements qui, pour des esprits moins prévenus, auraient été repoussés comme une cause inévitable de ruine future.

Suivons-les dans la voie où ils sont entrés.

II.

Le décret annoncé par M. le Préfet de police, et dont la date est restée en blanc dans les traités, ne fut pas promulgué. Le gouvernement le remplaça par un projet de loi qui soumettait, en effet, toutes les voitures bourgeoises ou publiques circulant dans Paris, à une taxe uniforme de 1 franc par jour. Ce projet, présenté en 1855, ne fut pas voté pendant la session. Dans cette situation, S. Ex. M. le ministre de l'intérieur ne crut pas pouvoir homologuer la délibération municipale du 23 mars. L'augmentation de recettes si ardemment désirée par la Ville se trouvait ajournée. Pour ne pas retarder l'accomplissement de leurs désirs, l'administration municipale et MM. Bourlon et consorts suppléèrent à la loi par de nouvelles combinaisons.

MM. Bourlon et consorts, après s'être entendus avec M. le Préfet de police, lui écrivirent à la date du 23 mai 1855, la lettre suivante :

Lettre à M. le Préfet de police.

Paris, 23 mai 1855.

Monsieur le Préfet,

Les difficultés qui ont suspendu, jusqu'à présent, l'effet des conventions que vous avez passées avec nous, pouvant causer un préjudice grave aux intérêts engagés dans notre entreprise, en même temps qu'elles apportent des entraves à la bonne exécution du service public que vous vous êtes proposé de réorganiser, nous nous sommes efforcés de les aplanir, et nous avons fait, dans ce but, toutes les concessions qui pouvaient dépendre de nous.

Il nous reste aujourd'hui à formuler, d'une manière définitive, la proposition suivante qui a paru, monsieur le Préfet, obtenir votre assentiment, et qui, sans dérogation aux conditions établies dans le traité approuvé par vous, serait appliquée *transitoirement :*

« § 1er. Toutes les voitures de place circulant dans Paris, seront immédiatement « frappées du droit de trois cent soixante-cinq francs par an, et, aussitôt après la « promulgation de l'acte public établissant cette redevance, les conventions que vous « avez passées avec nous recevront leur exécution complète, *en ce qui concerne les* « *voitures de place.*

« § 2. En ce qui touche *les voitures dites de régie*, nous nous obligeons à en « mettre en circulation, sur votre réquisition, jusqu'à concurrence de cinq cents, « dans le délai que vous déterminerez; à exécuter, dès à présent, et sous votre auto- « rité, les conditions de notre traité pour l'achat ou la fusion de celles qui existent « aujourd'hui; à payer, sur toutes les voitures de régie de notre entreprise, la re- « devance de trois cent soixante-cinq francs par an, quand bien même aucune me- « sure législative n'aurait été prise à cet effet. »

Permettez-nous d'espérer, monsieur le Préfet, que cette proposition recevra de nouveau votre approbation officielle, et que nous pourrons enfin donner à nos opérations une direction active et régulière.

Nous avons l'honneur d'être, avec la plus haute considération, etc.

(Suivent les signatures.)

Cette lettre fut suivie, quelques jours après, d'une nouvelle délibération du Conseil municipal. Elle est ainsi conçue :

Extrait du registre des procès-verbaux des séances de la Commission municipale de la ville de Paris.

SÉANCE DU 13 JUILLET 1855.

Présents : MM. Billaud, Boissel, Bonjean, comte de Breteuil, Chaix d'Est-Ange, Chevalier, Delangle, Devinck, Dumas, Eck, Fouché-Lepelletier, Victor Foucher, Eug. Lamy, Ledagre, Legendre, Moreau (Seine), E. Moreau, C. Noël, Pécourt, Périer, Peupin, de Riberolles, de Royer, Ségalas, G. Thibaut et Tronchon.

La Commission municipale,

Vu le Mémoire, en date du vingt-un juin mil huit cent cinquante-cinq, par lequel M. le Préfet de police expose que, bien qu'il y eût d'abord donné son assentiment, M. le ministre de l'intérieur n'a pas cru devoir homologuer la délibération prise le vingt-trois mars dernier, qui avait approuvé le traité passé le vingt-sept février précédent, entre lui et MM. Bourlon, Vincent et Édouard Caillard, Arnoux, Barbier Sainte-Marie, Bary, Rogniat, Lecomte et Lhuillier, comprenant : 1° La concession de cinq cents nouveaux numéros de voitures de place ; 2° la fusion des seize cent quarante-six voitures de place, actuellement en exploitation ; 3° et enfin le rachat, pour arriver à une concentration complète du service des voitures publiques dans Paris, des voitures dites sous remise, marchant à la course et à l'heure ;

Que le refus d'homologation, de la part de M. le ministre, a tenu à ce que le traité formait un des éléments d'une combinaison dont le but était à la fois d'augmenter la taxe des voitures de place, d'y astreindre les voitures sous remise et d'imposer une taxe analogue aux voitures bourgeoises et à celles louées autrement qu'à l'heure et à la course ;

Et à ce que le Corps législatif *n'a pas voulu voter le projet de loi qui lui avait été présenté à cet effet ;*

Que, dans cet état, M. le Préfet de police a pensé que l'absence d'une taxe sur les voitures bourgeoises ou autres ne pouvait retarder l'exécution du traité passé entre lui et MM. Bourlon et consorts ;

Qu'alors, ces derniers ont voulu subordonner le rachat obligé des voitures sous remise à l'établissement d'une taxe égale à celle qui pesait sur les voitures de place ;

Mais que M. le Préfet de police n'ayant pas cru devoir accepter cette condition, MM. Bourlon et consorts, par une lettre en date du deux juin dernier, signée collectivement par tous les susnommés, ont consenti à ce que, sans dérogation aux conditions établies dans le traité du vingt-sept février, on y ajoutât les deux clauses suivantes, qui seraient appliquées transitoirement ;

Elles sont ainsi conçues :

« § 1er. Toutes les voitures de place circulant dans Paris, seront immédiatement
« frappées du droit de trois cent soixante-cinq francs par an, et, aussitôt après la
« promulgation de l'acte public établissant cette redevance, les conventions que vous
« avez passées avec nous recevront leur exécution complète, *en ce qui concerne les*
« *voitures de place ;*

« § 2. En ce qui touche *les voitures dites de régie,* nous nous obligeons à en mettre
« en circulation, sur votre réquisition, jusqu'à concurrence de cinq cents, aux
« époques que vous déterminerez ; à exécuter dès à présent et sous votre autorité, les
« conditions de notre traité pour l'achat ou la fusion de celles qui existent au-
« jourd'hui ; à payer, sur toutes les voitures de régie de notre entreprise, la rede-
« vance de trois cent soixante-cinq francs par an, quand bien même aucune mesure
« législative n'aurait été prise à cet effet. »

Considérant que le droit de trois cent soixante-cinq francs par voiture, stipulé tant dans le traité du vingt-sept février, que dans les deux clauses additionnelles ci-dessus transcrites, a un caractère tout à fait municipal ;

Que c'est un simple droit de stationnement mis sur les voitures qui s'arrêtent et stationnent, à tout moment, soit sur les places publiques à ce destinées, soit sur les promenades publiques, soit à la porte des spectacles, des bals et de tous les lieux où il y a des réunions ou des fêtes publiques ou particulières, soit enfin aux entrées et sorties des chemins de fer ;

Que ce droit est un de ceux qui ont pour objet d'aider la ville à acquitter les dépenses considérables qu'exigent l'entretien et l'amélioration des voies publiques, que ces voitures parcourent et dégradent constamment ;

Délibère :

Les deux clauses ci-dessus transcrites présentées par les sieurs Bourlon et consorts comme *complément transitoire* du traité solidaire du vingt-sept février dernier, sont approuvées.

Elles feront désormais partie de ce traité, et seront exécutées comme lui, solidairement, par tous ceux qui les ont signées.

Signé : DELANGLE, président ; Germain THIBAUT, secrétaire.

Pour copie certifiée conforme par les soussignés,

Signé : BOURLON, CALVET-ROGNIAT, Eug. LHUILLIER, Jules BARY, C. ARNOUX, BARBIER et Édouard CAILLARD.

Toutes les formalités administratives se trouvèrent couronnées par le décret suivant :

DÉCRET IMPÉRIAL.

NAPOLÉON, par la grâce de Dieu et la volonté nationale, Empereur des Français, à tous, présents et à venir, salut :

Sur le rapport de notre ministre secrétaire d'État au département de l'Intérieur ;

Vu les délibérations de la Commission municipale de Paris, des 23 mars et 13 juillet 1855, qui ont voté l'adoption d'un projet de traité entre l'administration municipale et une compagnie de capitalistes, ayant pour objet :

1° La création immédiate de cinq cents nouvelles voitures, dites de place;

2° La création successive de nouvelles voitures dites de régie ou remise, jusqu'à concurrence de cinq cents ;

3° *La fixation uniforme, au taux de trois cent soixante-cinq francs par an, des redevances dues par toutes les voitures de place ;*

4° L'obligation, par la susdite Compagnie, de payer la même redevance de trois cent soixante-cinq francs, tant pour chacune des nouvelles voitures de régie ou remise, établies par elle, que pour chaque voiture de la même nature qu'elle achètera à l'amiable des propriétaires actuels ;

5° L'obligation, par la même Compagnie, d'acheter de tous ceux qui le requerront : 1° Les numéros de voitures de place actuellement existants, au prix minimum de sept mille cinq cents francs pour les fiacres ou coupés, et six mille cinq cents

3

francs pour les cabriolets, indépendamment du matériel (voitures et chevaux), qui sera évalué à l'amiable ou par une expertise contradictoire ; 2° le matériel des voitures de régie ou remise au prix qui sera fixé à l'amiable, ou d'après une expertise contradictoire ;

6° L'obligation, aussi par la même Compagnie, d'admettre à la fusion dans son entreprise les propriétaires de voitures de place ou de voitures de régie qui la demanderont ;

Vu la loi du 11 frimaire an VII ;

Le décret du 9 juin 1808 ;

La loi du 18 juillet 1837 ;

La section de l'intérieur de notre conseil d'État entendue, avons décrété et décrétons ce qui suit :

Article 1er. — Les délibérations sus-visées de la Commission municipale de Paris, des 23 mars et 13 juillet 1855, sont approuvées.

Une expédition de ces délibérations restera ci-annexée.

Article 2. — Notre ministre secrétaire d'État au département de l'Intérieur est chargé de l'exécution du présent décret.

Fait au palais des Tuileries, le seize août mil huit cent cinquante-cinq.

Signé : NAPOLÉON.

Par l'Empereur : Le ministre secrétaire d'État au département de l'Intérieur,

Signé : BILLAULT.

Pour ampliation : Le secrétaire général, *Signé :* MANCEAUX.

Réalisation du Capital social.

Nos lecteurs connaissent maintenant les traités. Ils peuvent apprécier la gravité des charges nouvelles aussi bien que l'importance des avantages stipulés dans leur texte. Ils savent qu'en attendant la loi qui avait pour but de soumettre à un droit uniforme de 365 fr. par an toutes les voitures, publiques ou particulières, circulant dans Paris, MM. les fondateurs avaient accepté *transitoirement* une taxe qui plaçait momentanément la Compagnie dans un cas manifeste d'*inégalité* devant l'impôt. Quelques mots vont compléter nos observations sur ce point.

La loi fut présentée de nouveau dans la session de 1856. Le Corps législatif la vota le 2 avril ; mais elle fut repoussée par le Sénat. L'échec de la loi devait amener, légalement et équitablement, la cessation du régime *transitoire* accepté par MM. Bourlon et consorts. Il n'en fut rien : la Ville s'attribua, sous le nom de *droits de stationnement*, ce que le vote du Sénat lui avait refusé, et comme ce *droit de stlaionnement* ne peut s'appliquer aux voitures de remise qui *ne stationnent pas sur les places*, la Ville ne chercha pas à définir le principe en vertu duquel elle pourrait étendre aux voitures de cette catégorie la taxe qu'elle imposait aux voitures de place. La proposition *transitoire* de MM. Bourlon et consorts augmentait ses revenus, cela lui suffisait. De par l'autorité de sa simple interprétation, elle transforma le provisoire en définitif.

Nous verrons les conséquences.

Immédiatement après la promulgation du décret impérial du 16 août 1855, les premiers soins des fondateurs de la Compagnie furent consacrés à la réalisation du capital de 25 millions attribué à la société en commandite qu'ils avaient formée.

Dès le 18 août, c'est-à-dire deux jours après le décret impérial, le capital de 25 millions se trouva intégralement souscrit. — En voici la répartition.

État des Actions souscrites :

		NOMBRE D'ACTIONS.	SOMMES.	TOTAUX.
FONDATEURS	9 Fondateurs.	54,125	5,412,500	5,412,500
	De Rothschild et Cie.	21,500	2,150,000	
	Mirès et Cie	26,000	2,600,000	
	Donon, Aubry, Gauthier et Cie.	10,000	1,000,000	
	P. Hottinguer et Cie.	1,000	100,000	
BANQUIERS	Henry Hottinguer et Cie. . . .	5,000	500,000	8,250,000
	Marcuard et Cie.	5,000	500,000	
	Pillet-Will et Cie.	5,000	500,000	
	Mathieu et Cie.	5,000	500,000	
	A. Dassier et Cie.	4,000	400,000	
PUBLIC	306 Souscripteurs.	78,525	7,852,500	7,852,500
ACTIONNAIRES et EMPLOYÉS des Messageries génér.	98 Employés des Messageries. .	2,500	250,000	615,000
	173 Actionnaires des Messageries	3,650	365,000	
RÉSERVE pour les LOUEURS	Loueurs fusionnés.	28,700	2,870,000	2,870,000
		250,000	25,000,000	25,000,000

MM. les fondateurs, pendant le cours de leurs négociations avec la Ville, ayant eu l'occasion de sonder les dispositions des loueurs, les avaient trouvés en très-grande majorité résolus à demander le payement en espèces. Aussi, confiants dans cette attitude, ils n'avaient, comme le démontre le tableau ci-dessus, réservé que 28,700 actions aux loueurs fusionnés.

L'article 4 du traité passé avec la Ville limitait à deux mois la faculté laissée aux loueurs de se faire payer en actions ou en espèces. Malgré cette réserve, l'article précité était une inconséquence grosse de périls. En effet, comment concilier la nécessité d'avoir, tout à la fois, un capital *espèces* et un capital *actions?* N'était-ce pas condamner la Compagnie à une double mise de fonds dont l'intérêt viendrait absorber les bénéfices? Sans capital *espèces*, les fondateurs ne pouvaient rien conclure, et sans capital *actions* ils pouvaient échouer dans leur organisation. Était-il donc si difficile de prévoir les résultats probables d'une pareille situation? Nous n'hésitons pas à le dire, magistrats municipaux et fondateurs de la Compagnie ont fait preuve, en cette circonstance, de la plus fâcheuse imprévoyance. La faute n'a été ni préméditée, ni volontaire, nous n'en doutons pas, mais si elle ne peut causer de remords, elle doit au moins laisser des regrets profonds chez ses auteurs; et quand nos lecteurs vont pénétrer plus avant dans la connaissance des faits, ils trouveront que le mot *regrets* est bien faible, appliqué à une autorité ayant le pouvoir d'atténuer le préjudice causé à de nombreuses familles, et qui s'est jusqu'ici refusée à toute espèce d'accommodement.

La souscription des actions de la Compagnie avait été accueillie avec une faveur exceptionnelle. C'était, il est vrai, l'époque d'un engouement industriel dont le souvenir fait ressortir l'importance de la réaction qui règne aujourd'hui. Alors, les actions du Crédit mobilier étaient cotées 2,000 fr.; celles des Omnibus, 1,100; les titres du chemin de la Méditerranée, 2,170 fr., etc., etc. Alléchés par ces primes extraordinaires, MM. les loueurs, qui avaient d'abord exigé le payement en espèces, demandèrent à être soldés en actions. Il n'y en avait plus de disponibles. De là des récriminations, des plaintes à M. le Préfet de police. Ce magistrat, plein d'une sollicitude paternelle pour des intérêts qui lui paraissaient mériter une protection spéciale, repoussa les protestations de la Compagnie qui l'avait instruit, dès le début, de la répartition de ses titres. Interprétant le traité dans le sens le plus favorable aux loueurs, il fit insérer dans le *Moniteur* du 30 octobre 1855 l'avis officiel suivant :

EXTRAIT DU MONITEUR, Mardi 30 octobre 1855,

(N° 303, page 1206).

Préfecture de Police.

AVIS.

Le traité passé par l'administration municipale avec la Société qui a pris le titre de *Compagnie Impériale des voitures de Paris*, traité qui a été approuvé par deux délibérations du conseil municipal, homologuées par décret impérial du 16 août dernier, a donné lieu à diverses interprétations, et la malveillance semble vouloir répandre des bruits inquiétants pour les loueurs qui seraient, à ce que disent les malintentionnés, menacés dans le libre exercice de leur industrie , s'ils repoussaient les offres de fusion de la nouvelle Compagnie.

L'administration ne prétend exercer aucune contrainte à l'égard des entrepreneurs qui désirent continuer l'exploitation de leurs voitures. Si, par son traité avec la Compagnie Impériale, elle a voulu apporter au service des voitures des améliorations depuis longtemps réclamées, elle a su respecter les intérêts particuliers, tout en cherchant les moyens de satisfaire l'intérêt public par la nouvelle organisation. C'est pour cela qu'elle a imposé à la Compagnie Impériale l'obligation de racheter de tous ceux qui le requerraient les numéros de voitures de place moyennant un prix minimum déterminé, et le matériel des voitures de place et de régie, à l'amiable ou sur expertise; mais cette obligation d'achat à laquelle la Compagnie est soumise, n'implique nullement la vente forcée par les propriétaires actuels de voitures. En dehors des améliorations de service reconnues urgentes, *le traité n'a eu qu'un but : celui de sauvegarder l'intérêt des loueurs en leur offrant le moyen de liquider leur position , soit par la vente, soit par la fusion, s'ils n'aimaient mieux continuer l'exploitation de leurs entreprises.*

Le Préfet de police, PIÉTRI.

Quelques jours après la publication de cet avis, le 9 novembre, et nonobstant l'expiration du délai fixé par l'article 4 des traités, M. le Préfet transmettait à la Compagnie les demandes d'un certain nombre d'entrepreneurs de voitures de place et de remise; demandes qui ne pouvaient être satisfaites sans la création de 45 à 50,000 actions nouvelles.

L'avis inséré au *Moniteur*, l'interprétation donnée au traité, l'absence de tout délai imposé aux entrepreneurs pour la cession de leur industrie, condamnaient la Compagnie à ne clore jamais son compte de capital, puisqu'elle devait tenir constamment des actions à la disposition des loueurs et que, ses 45 ou 50,000 actions épuisées, il suffirait d'une seule exigence pour l'obliger à en émettre de nouvelles.

Sous l'empire de ces circonstances, MM. les administrateurs écrivirent à M. le Préfet de police, à la date du 12 novembre, une lettre dans laquelle ils accusaient réception de la lettre préfectorale du 9, et annonçaient qu'ils allaient demander à l'assemblée générale des actionnaires, convoquée pour le jeudi 15 du présent mois, les moyens de satisfaire à ces demandes, en ce qui touchait le payement en actions.

La lettre se terminait par la prière à M. le Préfet que, « vu l'expiration « du délai accordé aux loueurs, il voulût bien notifier aux parties inté- « ressées, afin d'éviter toute fausse interprétation et toute réclamation « inutile, qu'il ne pourra plus être délivré d'actions à aucun propriétaire « de voitures. »

Cette lettre, ainsi que d'autres relatives au même objet, restèrent sans réponse.

L'assemblée générale eut lieu, en effet, le 15 novembre 1855. Sur le rapport de la gérance, une nouvelle émission de 150,000 actions fut votée au scrutin, par appel nominal, à la majorité de 710 voix contre 59 opposants.

A cette époque, les actions faisaient encore prime.

Ces nouveaux titres furent attribués :

Moitié aux loueurs qui demanderaient la fusion; l'autre moitié aux premiers actionnaires, au prorata du nombre de leurs actions. 7,825 actions non réclamées par les porteurs des actions primitives, furent vendues par les soins de MM. de Rothschild et compagnie, au profit de la Société. Cette opération produisit un bénéfice de 134,272 fr. 70 cent. encaissé par la Compagnie.

22,000 actions réservées aux loueurs n'ont pas été demandées et sont encore dans les caisses de la Compagnie.

Organisation matérielle de la Compagnie. — Emploi du capital.

Le capital social souscrit est de 37,750,000 fr. À notre avis, il est exagéré d'un quart. M. le Préfet de police et les fondateurs ayant en vue la fusion de toutes les voitures de place et de régie, ont dû rechercher quelle était approximativement la somme nécessaire à l'absorption de ces deux services. Or, voici des bases certaines d'appréciation.

Il existait dans Paris :

Place. { 733 numéros de cabriolets, évalués par M. le Préfet à 6,500 l'un   4,764,500
     { 913   —   de fiacres   —   7,500   6,847,500
1,646 voitures, avec chevaux, harnais, etc., à 3,000   4,938,000
300 voitures supplémentaires, à. 600   180,000
Remise : 2,488 écussons, avec matériel, à 3,000   7,464,000

La Ville y ajoutait une concession de

1,000 voitures à monter, chevaux, harnais, etc., à 4,000   4,000,000
Fonds de roulement, frais généraux, etc. 1,806,000

                        Total. 30,000,000

Ce chiffre rond de 30 millions était nécessaire pour le rachat intégral des voitures appartenant aux loueurs, et pour le montage des 1,000 numéros ou écussons concédés. La fusion ne pouvant être complétée immédiatement, il suffisait d'appeler les vingt premiers millions, tout en assurant la souscription du capital entier.

MM. les fondateurs étaient donc à peu près dans le vrai, quand ils fixaient, dans le principe, à 25 millions le chiffre du capital social. Ils s'étaient réservé, par l'article 7 des statuts, le droit de l'augmenter. Mais, ainsi que nous l'avons démontré, toute prévision relativement au chiffre du capital, disparaissait devant l'exigence du traité, qui imposait à la fois un capital *espèces* et un capital *actions*. En face de cette nécessité, il n'y avait plus de base certaine, on tombait dans l'inconnu.

Voyons maintenant l'emploi que la Compagnie a fait du capital souscrit. Elle a racheté, savoir :

Place :	687 numéros de cabriolets, à. . . 6,500		4,465,500
	895 — de fiacres, à 7,500		6,712,500
	1,582 voitures, chevaux et harnais, à. 3,000		4,746,000
	278 — supplémentaires, à. . . 600		166,800
Remise :	689 écussons, avec le matériel, à. . 2,800		1,929,200

Total en voitures et matériel. . . . . . 18,020,000 fr.

Cette somme ne comprend pas les 1,000 voitures neuves, les indemnités de toute espèce qui furent la conséquence des transactions avec les loueurs.

Il reste, en dehors de la Compagnie, au 31 décembre 1858 :

> 46 numéros de cabriolets,
> 18 numéros de fiacres,
> 30 voitures supplémentaires,
> 1,799 écussons de remise.

Ces voitures non fusionnées représentent une valeur de 5 millions de francs environ.

Une fois en possession de leur énorme capital, MM. les administrateurs eurent la malheureuse idée d'en affecter une partie à l'achat d'ateliers et de terrains propres à la construction de dépôts. Une pareille mesure aurait pu convenir, après quelques années de succès constatés par l'expérience ; mais elle était périlleuse au début de l'entreprise ; 1° parce qu'elle immobilisait imprudemment une partie considérable du capital ; 2° parce que, en cas de dissolution de la Compagnie, elle augmentait sensiblement les embarras et les chances de pertes.

Nous désirons que personne ne se méprenne sur nos intentions ; notre devoir est de dire ce que nous croyons être la vérité, toute la vérité. Ce devoir, nous voulons le remplir sans faiblesse comme sans passion. Nous déclarons que, dans notre conviction, aucun des fondateurs n'a forfait à l'honneur. Tous ont réalisé sur leurs souscriptions des bénéfices plus ou moins considérables et se trouvent ainsi dans un cas exceptionnellement favorable, comparativement aux autres sociétaires ; mais cette situation est celle de tous les hommes qui créent une entreprise, et qui en partagent les destinées bonnes ou mauvaises.

Nous doutons que la jouissance de ces bénéfices ait pu effacer, dans leur esprit, la douleur d'avoir attaché leurs noms à une œuvre féconde en déceptions. *Noblesse oblige*, dit un ancien proverbe ; or, les antécédents et la position des hommes qui ont signé le traité avec la ville de Paris, constituaient, aux yeux du public, une noblesse d'intelligence commerciale que chacun d'eux voudrait avoir conservée intacte, nous aimions à le croire, même au prix des plus grands sacrifices. Si nous signalons ce qui nous paraît blâmable, il est donc bien entendu que c'est pour définir nettement la participation de chacun à l'œuvre collective, dans l'espoir que la connaissance du mal excitera les parties intéressées à chercher un remède. Notre but est de signaler les causes d'insuccès de l'entreprise et les moyens de la relever. Si, pour y parvenir, nous froissons l'amour-propre et la susceptibilité de quelques personnes, c'est que nous sommes dominé par un sentiment qui exclut toute partialité au profit de qui que ce soit. Ceci bien entendu, nous reprenons notre exposition.

La Compagnie acheta des ateliers, des terrains et fit bâtir des dépôts. Ces immeubles, dont elle est propriétaire, figurent à son actif pour une somme de 8,826,806 fr. 85 c. Ce chiffre représente exactement les déboursés de toute nature pour achat de terrains, frais d'actes et constructions. Ils se composent de sept dépôts en plein exercice, de deux locaux inoccupés par la Compagnie et des ateliers de Stanislas et du Chemin-Vert. Les terrains achetés ont augmenté de valeur, mais cette augmentation ne compenserait pas, en cas de liquidation, la dépréciation probable des constructions. Les dépôts de la Compagnie sont les plus beaux et les plus vastes établissements de ce genre qui aient jamais existé dans Paris.

La Compagnie est encore locataire de plusieurs immeubles, dont elle continue les baux faits à d'anciens propriétaires de voitures. Le prix du loyer comparé par voiture dans les divers établissements occupés par la Compagnie, ressort à 112 fr. 76 cent. dans les locaux affermés, tandis qu'il s'élève à 228 fr. 57 cent., dans les dépôts construits.

Dans le chiffre ci-dessus indiqué de 8,826,806 fr., les ateliers de Stanislas figurent aujourd'hui pour la somme de 805,262 fr. 95 cent.; ceux du Chemin-Vert pour celle de 646,671 fr. 55 cent.

Ce dernier établissement, situé à proximité du boulevard du Prince Eugène, peut être revendu avec avantage. Les terrains de Stanislas cédés en 1855 à la Compagnie Impériale à raison de 31 fr. 60 cent. le mètre, avaient été achetés en 1828 par les Messageries générales au prix de 24 fr. 46 cent. Il y aurait bénéfice sur ces terrains. La preuve en est dans les prétentions de l'administration de l'enregistrement, qui poursuit en ce moment la Compagnie Impériale pour *insuffisance de prix* sur des acquisitions récentes de terrains dont les Messageries lui avaient cédé la location avec un droit éventuel d'achat à prix convenu.

Reprise et montage du matériel roulant.

Pendant le cours des négociations avec l'autorité, MM. les administrateurs avaient passé des traités provisoires avec quelques entrepreneurs de voitures pour 600 numéros environ. Dans les premiers jours de septembre 1855, plus de 500 circulaient déjà pour le compte de la Compagnie et ce chiffre s'élevait à près de 800 à la fin du même mois. Les négociations avec les loueurs, un moment ralenties par suite du défaut de titres à leur donner en payement, recommencèrent après l'assemblée du 15 novembre, et au 31 décembre 1855, la Compagnie avait réuni 1,235 voitures de place. Le 5 juillet suivant, le rachat avait, pour ce service, atteint le chiffre de 1,579 anciens numéros; 3 seulement ont été acquis depuis.

Le rachat du service de la remise n'avait fait aucun progrès pendant l'année 1855. C'est à peine si 100 écussons avaient pu être réunis à la fin de l'année.

Le peu d'empressement des entrepreneurs à se défaire des voitures de cette catégorie s'explique par les conditions mêmes du rachat, fixées par la préfecture de police. D'après le traité, il ne devait être tenu compte aux loueurs que de la simple valeur de leur matériel, sans aucune attribution pour leurs écussons. Cette lacune fut bientôt exploitée par des spéculateurs qui mirent en avant des projets de fusion spéciale, et dès la fin de 1855, une société Émile Lecompte, dont les offres de rachat étaient d'autant plus élevées qu'elle n'avait à sa disposition aucuns capitaux pour les réaliser, avait réussi à paralyser presque complétement les tentatives de fusion faites par la Compagnie Impériale.

Après l'avortement de cette Société qui termina son existence sur les bancs de la police correctionnelle, le travail de la reprise des loueurs

contrarié par des prétentions de plus en plus exagérées, chemina lentement,.
et à la fin de septembre 1856, la Compagnie n'avait encore racheté que
567 écussons ; 122 autres ont été acquis depuis : la fusion s'est arrêtée
à ce chiffre de 689 fr.

Chose étrange! La formation de la Compagnie avait eu pour but de concentrer tous les services, et lorsque ses gérants, pour parvenir à ce but,
rencontraient des obstacles qu'ils ne pouvaient vaincre sans l'assistance
de l'autorité municipale, ils subissaient un refus de concours presque
absolu. C'est ainsi que supplié, à diverses reprises, de mettre fin aux manœuvres d'une Société qui, ne pouvant payer les voitures, les accaparait
dans l'espoir de les revendre à bénéfices, M. le Préfet de police s'était
borné à exprimer le désir de ne pas intervenir dans des questions d'intérêts collectifs ou individuels.

La Compagnie était déjà dans une impasse. Comment aurait-elle pu
vaincre la résistance d'industriels auxquels elle est inférieure par sa condition commerciale? Elle paye, pour ces voitures, un impôt qui n'est
supporté par aucun autre contribuable. La Compagnie doit donc hésiter devant toute acquisition de ce genre. Les loueurs de remises ont
parfaitement compris, dès le début, l'avantage de leur position. Ils
luttent à armes inégales, la concurrence est impossible. Nous le demandons à tout homme impartial, est-il situation plus fausse et plus irrationnelle?

Tout en poursuivant le rachat des voitures de place et de remise, la
Compagnie devait pourvoir à l'organisation de sa vaste entreprise, et nous
venons de voir combien l'autorité municipale était peu disposée à interpréter en sa faveur les conditions qui lui étaient imposées par les
traités.

Des locaux spéciaux étaient indispensables pour grouper les voitures
qu'elle trouvait éparpillées sur tous les points, et entre un nombre infini
de propriétaires. D'après les traités, ses établissements devaient être *fixés
et construits dans l'intérieur de Paris et non ailleurs.* Les administrateurs
ne se montrèrent que trop disposés à déférer au vœu de la commission
municipale. La Compagnie avait provisoirement fractionné son exploitation dans trente-deux dépôts de diverse importance; elle ne pouvait,

évidemment prolonger une division qui augmentait les frais de personnel, et affaiblissait l'unité de direction. Il lui fallait en outre loger les nouveaux numéros et écussons concédés. Elle tenta, dans cette prévision, d'acquérir de la ville de Paris des terrains disponibles sur l'ancienne île de Louviers, à proximité des gares de Lyon et d'Orléans. Le 14 décembre 1855, elle réclama les bons offices de M. le Préfet de police, pour lui faciliter cette acquisition ; cette haute intervention fut inactive ou stérile.

Déjà plus de 90,000 mètres de terrain avaient été achetés sur d'autres points. On a prétendu qu'il eût été impossible de trouver des locations convenables, et que cette cause seule avait conduit à l'achat de terrains. Il nous paraît difficile d'admettre cette explication. Les terrains à louer dans Paris ne sont pas rares, même dans l'enceinte du mur d'octroi ; il devait être certainement possible d'en trouver, et d'y élever des constructions économiques et provisoires. Mais, pour ce détail, comme pour toutes les autres mesures qui se rattachent à l'organisation, l'administration de la Compagnie subissait les conséquences de son péché originel. Elle s'était aveuglée sur les aléas de son entreprise, et, malheur plus déplorable! elle était rivée à une chaîne dont elle traînait déjà les premiers anneaux, et dont le poids ne tarderait pas à la paralyser.

Un grand nombre des voitures reprises des loueurs, usées par le service extraordinaire de l'Exposition, n'étaient susceptibles d'aucune restauration. Sans tenir compte de cet état de choses, la préfecture les signalait avec la plus extrême rigueur et venait en demander le remplacement.

On avait dû s'occuper sans retard de constituer les modèles des nouvelles voitures qui, pour être adoptées, devaient, d'après le traité du 23 mars, être préalablement soumises à l'approbation de M. le Préfet de police. Avant la fin de décembre 1855, ces modèles étaient prêts et agréés par ce magistrat.

Pour céder aux exigences de l'autorité municipale, la Compagnie faisait de nombreuses commandes à la carrosserie parisienne. Ce besoin extrême augmentait de près d'un tiers le prix ordinaire de construction. Les soumissionnaires réalisaient par des sous-marchés des bénéfices considérables, et les produits n'offrirent, en définitive, que de médiocres résultats. Plusieurs de ces voitures neuves, construites à grands frais et avec une précipitation que favorisaient les exigences de la préfecture, ne purent résister aux fatigues du service. Il fallut, après quelques mois, les mettre en grande réparation. L'autorité ne pouvait ignorer tous ces détails : elle n'en insistait pas moins, avec une rigueur persévérante, pour la prompte mise en circulation des voitures concédées. Le public ne manquait pas de véhicules, mais la caisse municipale avait besoin de fonds. Les deux lettres suivantes prouvent surabondamment ce que nous avançons.

Le 5 novembre 1855, la Compagnie recevait la missive suivante :

Paris, le 5 novembre 1855.

Messieurs,

Aux termes du § 2ᵉ de votre proposition en date du 24 mai dernier, vous vous êtes obligés à mettre en circulation, sur ma réquisition, jusqu'à concurrence de 500 voitures de remise, dans le délai que je déterminerai.

Je vous invite, en conséquence, à mettre les 500 voitures dont il s'agit en circulation dans un délai de trois mois, à compter du 1ᵉʳ novembre courant, et de la manière suivante :

150 du 1ᵉʳ novembre au 1ᵉʳ décembre,
150 du 1ᵉʳ décembre au 1ᵉʳ janvier,
200 du 1ᵉʳ janvier au 1ᵉʳ février.

Recevez, Messieurs, l'assurance de ma parfaite considération.

Le Préfet de police, Signé : PIÉTRI.

Cette lettre, datée du 5 novembre, prescrivait la mise en circulation de 150 voitures au 1ᵉʳ novembre, c'est-à-dire que ces voitures étaient censées exister avant l'envoi de la lettre.

On entrait dans les mois de l'année les moins propices aux constructions en voitures. Ce n'est pas, en effet, pendant l'hiver, que l'on peut convenablement sécher des peintures, préparer ses bois, faire, en un mot, tout ce qui se rattache à l'industrie de la carrosserie. Malgré ces considérations, la Compagnie était mise en demeure de rouler quand même, et

surtout de verser à la caisse municipale l'impôt prescrit par les traités.
Le 4 décembre 1855, moins d'un mois après les réquisitions contenues
dans la lettre du 5 novembre, la préfecture de police écrivait ce qui
suit :

Paris, le 4 décembre 1855.

Messieurs,

Conformément à votre engagement en date du 2 juillet 1855, et en vertu de la
réquisition que je vous ai faite le 5 novembre dernier, vous avez dû mettre en circulation 150 voitures de remise, à partir du jour de la réquisition jusqu'au 1er décembre courant.

Je vous invite, en conséquence, à verser immédiatement à la caisse de la Préfecture de police le droit dont vous êtes redevables à partir du 1er décembre courant.

Recevez, Messieurs, l'assurance de ma considération distinguée.

Pour le Préfet de police,

Le chef de la 2e division, *Signé :* Baube.

Pour obéir à cette pression exorbitante, la Compagnie organisait à la
hâte ses ateliers Stanislas employés à terminer des wagons et d'autres
objets étrangers au service des voitures de place ou de remise. On
faisait sécher les peintures, en décembre et en janvier, par toutes espèces
de procédés ; on entassait dépenses sur dépenses, et à force de sacrifices
on parvenait, non pas à suffire aux réquisitions de la police, ce qui était
matériellement impossible, mais à faire sortir le 20 mars 1856, pour la
promenade de Longchamps, 120 voitures du nouveau modèle. Cette exhi-
bition, si coûteuse pour la Compagnie, produisit une impression agréable
sur le public parisien.

Cavalerie.

La remonte de la cavalerie n'était pas moins difficile ni moins onéreuse
que la formation du matériel. Les chevaux des loueurs, ruinés par le
service de l'Exposition, étaient dans le plus pitoyable état. Il fallait les
remplacer en grande partie.

Dès le début de l'exploitation, au milieu des embarras et des tiraille-
ments inévitables dans l'organisation d'un service aussi complexe, la
Compagnie ne disposait que de chevaux épuisés par la fatigue ou par

l'âge, ou de chevaux neufs qu'il fallait nécessairement ménager pour ne pas en perdre les trois quarts.

Les hommes du métier savent que de tous les services qui exigent l'emploi des chevaux, celui des voitures de Paris est le plus rude et le plus périlleux pour la santé des animaux. Attelés pendant seize et dix-huit heures de suite, stationnant sur les places ou dans les rues, sans abri, en toute saison et par tous les temps possibles, mangeant et buvant dans les conditions les plus détestables au point de vue hygiénique, les chevaux des voitures de place sont exposés à toutes les atteintes imaginables. Il ne faut pas moins de six mois, en moyenne, pour *faire* un cheval neuf, pour *l'acclimater au travail*. En général, dans les six premiers mois, quinze ou vingt sur cent succombent ou sont reconnus impropres au service. Évidemment, dans une situation semblable, la Compagnie avait des droits manifestes à la tolérance des inspecteurs de police. Il n'en était rien. Tous les jours on signalait sur les places des chevaux qui, d'après les règlements, ne pouvaient plus reparaître. On avait fermé les yeux sur l'état de ces chevaux pendant qu'ils étaient aux mains des loueurs, on ne les admettait plus du moment qu'ils devenaient la propriété d'une grande Compagnie, considérée, avec ses 38 millions, comme une poule aux œufs d'or.

A cette époque, la guerre de Crimée était en pleine activité. Le prix des chevaux avait sensiblement augmenté, la Compagnie se trouvait dans les conditions les plus détestables. Elle envoya chercher des chevaux en Angleterre et en Allemagne. On a exagéré l'importance de ces achats exceptionnels ; il y a eu 144 chevaux anglais et 582 allemands. Les premiers n'ont pas réussi : les seconds ont médiocrement résisté. Il faut pour le service de Paris des chevaux de race énergique, habitués aux privations et à la misère.

La Compagnie racheta des loueurs :

3,236	gros chevaux, au prix moyen de. .	350 f.	00 c.
120	chevaux de fiacre —	281	66
2,113	petits chevaux —	201	05
1,132	chevaux de remise —	323	87

Total. . 6,601 chevaux.

Jusqu'au 31 juillet 1857, l'ancienne administration a acheté, en chevaux neufs ou provenant de la réforme de l'armée, savoir :

1,903	gros chevaux neufs, au prix moyen de	. . . .	667 f.	65 c.
648	de la réforme de l'armée	—	. . . .	458	81
34	chevaux neufs de fiacre	—	. . . .	473	72
68	de la réforme de l'armée	—	. . . .	356	38
1,082	petits chevaux neufs	—	. . . .	320	38
1	petit cheval de réforme	—	. . . .	199	»
706	chevaux anglais et allemands, au prix moyen de.		985	42
619	chevaux divers,	—		648	49

Total. 5,061 chevaux.

RÉCAPITULATION.

11,662 chevaux ont ainsi passé dans les écuries de la Compagnie du 1er septembre 1855 au 31 juillet 1857; ils étaient estimés 5,003,214 fr. 40 c.

Au 1er août 1857, les inventaires constataient la présence de 7,385 chevaux estimés 2,741,930 fr.

1,069 étaient morts ; 3,218 avaient été réformés.

La perte en argent avait été de plus de deux millions.

Contestations avec l'Administration municipale.

La lettre du 12 novembre, écrite par MM. les administrateurs de la Compagnie à M. le Préfet de police, était, ainsi que nous l'avons dit, restée sans réponse. Ce magistrat, malgré les termes formels du traité, persistait à reconnaître aux loueurs le droit d'exiger à leur gré le remboursement en argent ou en actions. La Compagnie demandait au contraire que l'expiration des délais fût irrévocablement maintenue, de manière à ce que le capital de la Compagnie pût être définitivement constitué et qu'on pût négocier, au mieux des intérêts de la Société, les actions restées à la souche.

Le 15 février 1856, MM. les administrateurs adressèrent à Son Exc. M. le Ministre de l'Intérieur et à M. le Préfet de police une longue lettre qui rappelait celle du 12 novembre avec plus de développements. Ils renouvelaient leurs instances en date des 27 février, 9 avril et 22 mars 1856, sans obtenir justice. Les loueurs conservaient toujours l'option, en dépit du traité.

Une pareille interprétation devenait de plus en plus préjudiciable aux intérêts de la Compagnie. Plusieurs loueurs, qui avaient fait notifier officiellement, par la Préfecture de police, leur intention de fusionner ou de vendre, sans tenir compte de cette notification qui devait constituer pourtant un engagement réciproque, avaient cédé leurs établissements à la société Lecompte. Quand cette Société n'exista plus, ces mêmes loueurs vinrent réclamer la réalisation de leurs premières offres. D'autres conservèrent leur industrie, acceptant d'abord et refusant ensuite les conditions du traité passé avec M. le Préfet de police, suivant leur caprice ou leur intérêt.

Sur 109 loueurs de remise qui avaient fait notifier la reprise de 749 voitures, 56 qui possédaient 345 écussons ont refusé de donner suite à leurs propositions.

Les lettres, les protestations de la gérance ne purent rien contre la volonté de M. le Préfet de police. Ce droit d'option reconnu aux loueurs dura jusqu'au mois de juillet 1857, il ne fut aboli, comme nous le verrons plus loin, que sur les réclamations de la commission de contrôle.

A mesure que la Compagnie fonctionnait, ses administrateurs se heurtaient contre des complications inattendues. Les rigueurs de l'autorité constituaient un ordre de difficultés qui ne faisait que rendre plus fâcheuses les conditions imposées à l'exploitation de l'entreprise. Mais ce n'était pas tout : à côté de ces faits inhérents à la volonté des hommes, il s'en présentait d'autres, inaccessibles à toute prévision humaine et dont il fallait pourtant subir l'irrésistible conséquence. MM. les entrepreneurs de voitures avaient eu le bonheur de jouir, pendant de longues années, d'une foule d'avantages que la fatalité semblait s'acharner à détruire depuis la formation de la Compagnie Impériale. Bienveillance de l'autorité pour la construction et la tenue des voitures, tolérance pour les chevaux, abondance presque permanente des fourrages, activité commerciale et industrielle, tout avait longtemps favorisé l'entreprise des voitures publiques de la capitale, et tout cela disparaissait devant la Compagnie.

Le bénéfice d'une voiture varie, en temps ordinaire, suivant le prix des denrées. Cette vérité est élémentaire. Les livres de la Compagnie générale, gérée par M. Delacour, constatent les résultats proportionnels qui suivent :

Compagnie générale, sous le nom DELACOUR et Cie.

	1850-1851	1851-1852	1852-1853	1853-1854	1854-1855
Moyenne du prix des fourrages par voiture et par jour. . .	3 73	4 01	4 77	5 85	6 28
Bénéfice par voiture et par jour	3 12	3 38	2 90	2 12	1 34

Dès l'année 1854, les loueurs invoquèrent la cherté des fourrages pour demander des tarifs plus rémunérateurs. Succédant aux loueurs, lorsque ceux-ci, malgré la modération relative des charges, ne gagnaient plus que 1 fr. 34 c. par voiture et par jour, la Compagnie Impériale devait nécessairement souffrir d'une cause qui semblait prendre, chaque année, des proportions plus sinistres. Le 27 septembre 1856, MM. les administrateurs commencèrent à demander de nouveaux tarifs. Le 20 janvier 1857, ils réitérèrent leur demande qui n'avait donné lieu à aucune solution. Ils avaient étudié le remaniement des tarifs en prenant pour base de leur système la fraction horaire qui semblait présenter l'avantage de multiplier le travail par le bon marché des courtes distances. « Ces nouveaux tarifs, » disaient-ils, dans leur lettre du 20 janvier 1857, à M. le Préfet de police, « très-attendus et très-désirés par le public, peuvent seuls nous permettre « de faire face à nos dépenses allant toujours croissant par l'augmenta-« tion des prix de toutes choses indispensables à notre exploitation, par « les droits considérables payés à la Ville et par les améliorations de toute « nature, fort coûteuses, introduites par notre Compagnie dans son « service.

« *L'ordonnance que nous sollicitons nous est si immédiatement nécessaire*

« *que nous ne pourrions attendre que le service des compteurs fût organisé ;*
« mais nous prenons l'obligation de les appliquer dans chacune de nos
« voitures, dans le délai de dix mois, à dater du jour de la promulgation
« de l'ordonnance. »

Les termes de cette lettre indiquent le pénible chemin que la Compagnie avait déjà parcouru. Après une seule année d'exploitation, la Compagnie se trouvait tellement surchargée de droits et de frais de toute nature, qu'elle *déclarait ne pouvoir attendre* davantage. On était bien loin de cette confiance illimitée qui présidait à la signature des traités du 23 mars 1855. La Préfecture transmit à M. le Ministre de l'Intérieur les demandes et le tarif présentés par la Compagnie. Son Excellence proposa sur le tarif des réductions de prix qui motivèrent de sérieuses observations de la part de la gérance. Pendant plusieurs mois, les pourparlers et les correspondances s'échangèrent sans résultat. Cependant, les pertes de la Compagnie étaient loin de diminuer, les titres subissaient une dépréciation continue, la situation devenait intolérable. L'administration de la Compagnie convoqua l'assemblée générale des actionnaires. La réunion eut lieu le 15 avril 1857.

Commission de contrôle.

Sur la proposition de MM. les administrateurs eux-mêmes, l'assemblée nomma une commission chargée :
« De constater la situation financière de la Compagnie, d'examiner
« toutes les parties du service, de recueillir toutes les informations
« qu'elle jugerait à propos de transmettre à une nouvelle assemblée
« générale. »
Cette commission se mit à l'œuvre. Avant d'étudier, par elle-même, les réformes à opérer et les améliorations à introduire, elle voulut connaître l'avis de la gérance et du conseil de surveillance de la Compagnie sur ces importantes questions. La réponse fut celle-ci :

« Abandonner le service de la remise, faire face aux exigences finan-

« cières en aliénant les immeubles inutiles, et en créant pour deux mil-
« lions d'obligations;
« Adoption d'un nouveau tarif et du compteur. »

La Commission, trouvant ces propositions insuffisantes, et désireuse
de pressentir le secours qu'elle pouvait attendre de l'autorité municipale
dans la mission qu'elle avait à remplir, demanda et obtint une audience
de M. le Préfet de police. Cet honorable magistrat déclara formellement
que le traité du 23 mars devait être exécuté dans tous ses termes; que
non-seulement la Compagnie ne pouvait abandonner le service de la remise, sans encourir la déchéance prévue par l'article 9, mais qu'elle était
encore obligée d'accepter et de rembourser, suivant expertise, le matériel
des loueurs indépendants qui en feraient la demande. Il n'y avait plus
d'obscurité dans la situation; elle était au 15 avril exactement la même
que le lendemain de la signature des traités. Les charges étaient mainte-
nues, il n'y avait de changé que l'attitude et les espérances des administrateurs et des actionnaires de la Compagnie Impériale.

La Commission examina tous les détails du service, toutes les opérations financières et autres qu'avait pu faire la Compagnie. Elle employa
un mois environ à ce travail, et il a été si complet que, dans le procès
du 16 février dernier, le rapport de l'expert en comptabilité, délégué par
l'autorité judiciaire, et qui avait fouillé pendant huit mois consécutifs
tous les livres de la Compagnie, n'a pu relever aucune omission; et cependant il n'avait qu'à rechercher ce qui avait été fait et non ce qui était
à faire.

Le premier rapport de cette Commission fut lu en assemblée générale
extraordinaire, le 25 mai 1857. L'assemblée prorogea ses pouvoirs jusqu'au 30 juillet suivant. La Commission, de concert avec les administrateurs de la Compagnie, suivit auprès des autorités compétentes la négociation de toutes les modifications susceptibles d'être introduites dans les
traités du 23 mars et dans les ordonnances de police.

Les améliorations principales à obtenir étaient celles-ci :

1° Modification des traités, en ce qui concerne la redevance municipale;

2° Nouveau tarif;

3° Taxe des bagages ;

4° Clôture de l'option laissée aux loueurs de se faire racheter, suivant leur volonté.

Quelques autres mesures, telles que la faculté d'employer des numéros mobiles dans une certaine proportion, le numérotage apparent des voitures de remise, devaient faire l'objet de négociations secondaires.

Le 24 avril 1857, MM. les gérants s'adressèrent directement à M. le Ministre de l'Intérieur pour solliciter de nouveau la modification des tarifs qu'ils réclamaient depuis septembre 1856. Ils étendirent leur réclamation à la redevance municipale qui frappe illégalement les voitures de remise de la Compagnie; redevance qu'ils s'étaient obligés *transitoirement* à payer, mais qui leur semblait, en se continuant, avoir pris le caractère d'une injuste exception.

M. le Ministre de l'Intérieur, appréciant les motifs invoqués en faveur d'une exonération, envoya les pièces à M. le Préfet de police en l'autorisant à saisir le conseil municipal de l'objet de la demande adressée par la Compagnie.

La coopération active de la commission amena la solution de la plupart des questions pendantes. Dès le 10 juillet 1857, une ordonnance de police avait enfin introduit dans le tarif les modifications préparées de concert par la préfecture et par la gérance. La fraction horaire devenait la base du tarif nouveau, la taxe des bagages était accordée; l'ordonnance ne touchait pas au tarif des voitures de remise. Une lettre ministérielle informa en outre la Compagnie que l'autorité venait de clore pour les loueurs la faculté de rachat.

En quelques semaines, grâce à la Commission, la Compagnie obtenait ainsi des concessions qu'elle sollicitait vainement depuis plus d'une année. Restait encore la plus importante des modifications à obtenir, celle des traités passés avec la ville de Paris. Nous venons de dire que M. le Préfet de police était saisi par Son Exc. M. le Ministre de l'Intérieur de l'autorisation de soumettre au conseil municipal la question relative à l'exonération des droits de remise.

Depuis l'assemblée générale du 25 mai, et avant l'obtention des modifications réglementaires que nous venons d'indiquer, l'administration de la Compagnie avait subi ou était près de subir une rénovation radicale. MM. les gérants et le conseil de surveillance avaient déposé leur démission entre les mains du président de la Commission. Les termes de cette démission sont des plus honorables pour leurs auteurs, ils méritent d'être connus.

La lettre de MM. les gérants était ainsi conçue :

Messieurs,

Après le Rapport que vous avez présenté à la dernière Assemblée générale, notre premier mouvement avait été de résigner nos fonctions ; mais un sentiment de devoir, que vous apprécierez, nous avait fait ajourner l'exécution de cette résolution. Aujourd'hui, cependant, les modifications de tarifs que nous sollicitons de l'autorité se font attendre ; la question financière devient urgente ; la conversion même en société anonyme paraît ajournée.

Dans cette situation, nous pouvons craindre que notre présence personnelle à la direction des affaires de la Compagnie ne soit un obstacle à la solution de ces graves questions ; il est dès lors de notre devoir et de notre dignité de déposer nos démissions entre vos mains, par suite des pleins pouvoirs qui vous ont été conférés par l'Assemblée générale. C'est ce que nous faisons par la présente, heureux si cette dernière preuve de notre dévouement à la Société peut amener un résultat favorable à ses intérêts.

Nous vous remettons, avec la présente, la démission que notre collègue, M. Gibiat, avait déposée entre nos mains avant de quitter Paris, la semaine dernière.

Veuillez, etc.   *Signé :* Ed. CAILLARD, C. ARNOUX, BARBIER.

La démission des membres du conseil de surveillance fut envoyée par son président, M. Marc Caillard, dans les termes suivants :

Monsieur le Président,

MM. Bourlon, Calvet-Rogniat et Lhuillier ont déposé hier, entre mes mains, leur démission de membres du Conseil de surveillance de la Compagnie Impériale des voitures de Paris ; j'ai l'honneur de vous en faire part.

Je vais suivre dans leur retraite les gérants et les fondateurs de cette entreprise, qui avait pris pour raison sociale le nom que je porte. Ce nom disparaissant, je m'efface avec lui. Je me retire avec la conscience d'avoir rempli, jusqu'à la dernière heure, les difficiles devoirs que m'imposait ma position, et, — en m'y dévouant comme je l'ai fait, — d'avoir aplani de graves complications.

Agréez, etc.

Signé : Marc CAILLARD.

Le 30 juillet 1857 eut lieu l'assemblée générale, ordonnée par la délibération du 25 mai. La démission des anciens administrateurs fut acceptée. Une administration nouvelle allait entrer en fonctions à partir du 1er août.

NOUVELLE GÉRANCE.

La Commission fut appelée à composer, en majeure partie, le nouveau personnel administratif. Pendant la durée de ses fonctions, elle avait trouvé près de l'autorité supérieure un accueil qui semblait autoriser, pour l'avenir de la société, les meilleures espérances. Toutes ses demandes avaient réussi, à l'exception cependant de la plus importante, celle de l'exonération des droits créés en 1855; et encore pour ceux-ci, pouvait-elle considérer la lettre ministérielle à M. le Préfet de police comme un acheminement vers une solution formelle.

Le président de la Commission, croyant avoir le droit de compter sur l'assistance du pouvoir en faveur d'une compagnie si éminemment intéressante, au double point de vue du grand service public dont elle est chargée, et des sacrifices qu'elle avait supportés, reçut le titre de Directeur-gérant. Avant d'accepter un si lourd fardeau, il avait sollicité le concours des hommes que l'opinion générale et leurs antécédents lui désignaient comme étant les plus aptes à la gestion d'une entreprise de voitures. Une foule de considérations et de circonstances avaient sinon paralysé, du moins ajourné, le résultat de ses efforts. La situation de la société excitait, chez tous, les plus vives appréhensions, on voulait voir comment agirait l'assemblée générale; ce qu'allait produire le nouveau tarif; ce que donnerait le compteur, etc., etc., etc. Ces raisons et bien d'autres, qu'il est inutile d'énumérer, avaient un instant ébranlé la résolution du président de la Commission. Les assurances bien-

veillantes et personnellement affectueuses des plus hauts financiers, la
perspective des avantages qui pouvaient découler du nouveau tarif, de
l'emploi du compteur, la possibilité d'obtenir, en attendant mieux, l'exonération de la redevance municipale sur les voitures de régie, la certitude
de pouvoir diminuer de plus de moitié les frais généraux d'administration, l'espoir de meilleures récoltes de fourrages, et enfin la confiance
presque absolue de MM. les actionnaires, tous ces motifs triomphèrent de
la résistance du futur gérant. Son refus aurait précipité la dissolution de
la Compagnie, c'eût été mettre bas les armes avant d'avoir combattu;
il était toujours temps de recourir à cette mesure extrême, cette considération lui parut décisive. L'assemblée du 29 juillet trancha la question.
Le directeur-gérant fut acclamé; il se mit résolûment à l'œuvre.

Le bilan de la Compagnie, dressé au 1er août 1857, constatait non-
seulement l'emploi des 37,750,000 fr. souscrits, mais encore une dette
exigible de 2,480,000 fr. Cette dette se composait, en majeure partie,
de sommes dues aux constructeurs des dépôts et aux vendeurs de deux
immeubles. L'unanimité avec laquelle l'assemblée générale avait voté les
résolutions présentées par la Commission, semblait donner à la nouvelle
administration une autorité morale susceptible de relever le crédit de la
Compagnie. Il était d'autant moins présomptueux de compter sur la confiance des capitaux qu'aucune société industrielle n'offre plus de garanties
matérielles que la Compagnie Impériale. Son actif représente, en numéros de voitures, en cavalerie, en matériel, en immeubles, une richesse de
plus de trente millions. Sa dette unique n'atteignant pas le dixième de
ce chiffre, on chercherait vainement un risque possible pour les prêteurs.
— Eh bien ! malgré toutes ces assurances incontestables, les caisses de crédit qui avaient commencé à se fermer devant l'ancienne administration, hé-
sitèrent à se rouvrir devant la nouvelle. La déception causée par l'insuccès
de l'entreprise était si profonde, la malveillance si générale, l'hostilité si
vive, que tous les capitalistes, même les plus directement intéressés à la
régénération de la Compagnie, refusèrent ou suspendirent leurs relations
financières avec la Société. Cette conspiration des capitaux réduisait la
nouvelle administration à l'état d'une locomotive sans combustible. Cependant, elle ne désespéra pas.

Dès le 1ᵉʳ septembre 1857, c'est-à-dire après un mois d'exercice, les frais généraux d'administration, qui au mois d'avril étaient de 1,063,000 fr., se trouvaient réduits de plus d'un tiers. Les cadres étaient sensiblement restreints, les emplois inutiles supprimés, les attributions et la responsabilité de chacun mieux définies. En un mot, ce que la volonté d'un administrateur pouvait faire sans désorganiser le service avait été réalisé immédiatement.

Avant d'aller plus loin, nous croyons devoir dire quelques mots de la composition définitive de la nouvelle gérance qui fut complétée le 19 septembre 1857. — Le procès encore pendant a donné lieu à tant de commentaires sur ce point, que malgré notre répugnance à nous occuper de questions personnelles, nos lecteurs nous sauront gré de cette courte digression.

L'assemblée avait conféré au président de la Commission du 15 avril le droit de s'adjoindre, avec l'approbation du conseil de surveillance, deux co-gérants. Pendant les sept premières semaines de sa dictature administrative, le directeur avait revu les hommes dont il avait désiré le concours avant l'assemblée générale. Il les avait trouvés dans les mêmes dispositions, c'est-à-dire effrayés de l'immensité de la tâche et disposés à accepter la position qui leur était offerte, lorsque celle-ci présenterait moins de difficultés et de dangers. Le cercle de ses choix était donc des plus rétrécis. Il aurait pu rester seul chargé de la direction de la Compagnie; mais si l'on réfléchit aux innombrables complications d'un service dont chaque détail a besoin d'être minutieusement observé, on restera convaincu qu'un semblable tour de force ne peut être accompli que par un homme déjà rompu aux exigences et aux besoins d'une administration qui, en fait de difficultés, n'a pas de rivale. Une science pareille ne s'improvise pas, et il eût été plus que téméraire de s'en parer dès le début de sa gestion.

Le conseil de surveillance, de son côté, manifestait le désir de voir compléter l'administration. Au nombre des candidats possibles, se trouvaient deux hommes, dont l'un, ancien secrétaire de la Commission, richement patronné, doué d'une belle intelligence et habitué au travail de cabinet, paraissait offrir toutes les conditions désirables pour un chef de bureaucratie ; cet homme avait pour lui l'unanimité du conseil de surveillance : c'était M. d'Auriol. L'autre, placé depuis vingt ans dans le service des voitures publiques, avait été successivement inspecteur de diligences, administrateur et fondateur de voitures dans les deux principales villes de nos départements méridionaux. Jeune et actif, il possédait à un haut degré les qualités nécessaires à un chef d'exploitation. Ses antécédents, sa moralité, son aptitude avaient pour répondant l'ingénieur en chef d'un de nos plus grands chemins de fer. Ce haut fonctionnaire avait été le témoin et le confident des difficultés surmontées par ce candidat dans l'organisation de ses divers services. A côté de ce répondant, se plaçait la garantie d'une maison financière dont il suffit de prononcer le nom pour que toute confiance se produise. Un seul fait attribué à ce candidat semblait obscur. Le directeur envoya à Lyon une personne spécialement chargée de prendre des renseignements. Une dépêche lui annonça que l'accusation était fausse. M. Crémieu fut donc nommé co-gérant.

Nos lecteurs comprendront que nous n'ayons rien à ajouter à cette exposition historique de la formation de la gérance. MM. d'Auriol et Crémieu ont rendu compte à la justice de faits que chacun connaît ; l'un et l'autre se sont démis de leur titre de *gérant*. Un sentiment de convenance et de réserve envers des accusés nous dispense de tout autre examen à leur sujet.

Tarifs.

Un nouveau tarif à base horaire avait été préparé, ainsi que nous l'avons dit, par les précédents administrateurs, de concert avec les bureaux de la préfecture de police. Ses auteurs avaient une confiance absolue dans ses résultats. Il leur semblait devoir profiter à la fois au public et à la Compagnie : au public, en ce qu'il permettait l'emploi des voitures pour de petites courses, à la Compagnie, parce qu'il augmentait le travail. La théorie était, en effet, séduisante, mais la pratique ne tarda pas à dissiper les illusions. Le tarif fut, dès le premier jour, antipathique à la population. Le voyageur aime à savoir d'avance ce que va lui coûter son transport. Avec le nouveau règlement, cela était impossible. Le temps passé en voiture dépendait de la vitesse du cheval ou de la volonté du cocher. Le même trajet coûtait plus ou moins suivant la voiture. En principe, le tarif paraissait régler la rémunération sur le service rendu, en fait, la rémunération était en sens inverse de ce service, car plus la course était rapide, moins le prix était élevé. Un voyageur, auquel un cocher faisait manquer l'heure du départ d'un convoi, payait plus cher que s'il avait été rapidement conduit. La multiplicité des divisions horaires était, en outre, une source interminable de contestations entre voyageurs et cochers, et un moyen excellent de fraude au détriment de la Compagnie.

Dès le 15 septembre, nous signalions à M. le Préfet de police les inconvénients de ce tarif, que, pour notre compte, nous avions pressentis avant son application. Nous demandions à l'échanger contre une simple augmentation dans les prix de la course et de l'heure, pour les voitures de place et de remise.

M. le Préfet de police s'empressa de reconnaître la justice de nos réclamations, mais il rencontra, près de S. Exc. M. le Ministre de l'Intérieur, une résistance opiniâtre. On voulait bien consentir à supprimer le nouveau tarif, mais à la condition de reprendre simplement l'ancien. Nos efforts ne purent momentanément aboutir à autre chose, et le 7 novembre, une ordonnance de police consacra le retour à l'ancien tarif, en conservant le droit de taxe sur les bagages. Nous n'avions pas besoin d'une nouvelle expérience pour connaître le résultat de cette réglementation. Aussi redoublâmes-nous d'activité et d'efforts pour réclamer l'augmentation des prix. Il est superflu d'énumérer toutes les phases de cette négociation longue et pénible. Il nous suffira de dire que notre voix finit par être entendue. L'hésitation de M. le Ministre dut se modifier devant une volonté supérieure, et le 24 décembre 1857 parut l'ordonnance qui régit actuellement les voitures.

Nous aurions désiré que ce dernier règlement fût modifié dans les articles relatifs à la prolongation des courses jusqu'aux fortifications, sans aucun droit de retour, et au chiffre de ce droit de retour en dehors des fortifications. L'augmentation du salaire, dans ces deux cas, n'est pas en rapport avec l'augmentation du travail. N'est-il pas excessif, en effet, d'imposer l'obliga-

tion de conduire un voyageur du rond-point de Vincennes au chemin de
fer d'Auteuil pour la somme de 1 fr. 25 c. sans indemnité pour le retour
de cette voiture qui, pour stationner sur une place, doit rentrer dans
Paris? Deux courses semblables, dans la même journée, fatigueraient un
cheval et ne couvriraient même pas la rétribution du cocher. La préfecture
de police fut sourde à nos justes réclamations et maintint ses prescriptions. Elle était, nous le comprenons, plus préoccupée de sauvegarder les
intérêts du public que ceux de la Compagnie : cependant, il nous paraissait possible de concilier les uns et les autres, dans une plus juste proportion, et nous ne désespérons pas de voir l'autorité municipale reconnaître
enfin la justesse de nos observations. Tel qu'il est, le tarif ne peut être
considéré comme un avantage réel, mais bien comme une simple compensation des charges nouvelles imposées par l'ordonnance du 24 décembre
à la Compagnie, en faveur du public.

Cependant ce tarif, malgré ses imperfections, augmente la recette. Le
public en a compris la nécessité et accepté les dispositions, nous ne croyons
pas qu'il ait diminué le nombre des chargements. Sans ce nouveau tarif, les
résultats de l'exercice 1858 eussent été calamiteux. La crise commerciale et
financière, la disette des fourrages auraient pu rendre le service impossible.

Contrôle. — Compteur.

Nous avons indiqué, au nombre des causes qui nuisent aux intérêts
de la Compagnie, l'insuffisance des moyens de contrôle. La difficulté d'assurer la perception intégrale des recettes est, en effet, un des plus graves
inconvénients d'une entreprise livrée à la bonne foi de ses salariés. Les
loueurs ont employé successivement une foule de procédés et tous ont
reconnu l'impossibilité d'obtenir une satisfaction absolue. Mais s'il est
absurde de rêver la perfection en pareille matière, il est néanmoins possible
d'arriver à une organisation qui diminue le nombre des détournements en
atteignant les coupables. La Compagnie a institué, dès le début, un service
de surveillance, dont le personnel, en juin 1857, ne coûtait pas moins
de 360,000 francs par an. La punition des cochers infidèles était la mise

à pied pour un temps proportionné à la gravité de la faute. Nous crûmes devoir changer ce système. La mise à pied est une punition dont il faut, suivant nous, user sobrement. Elle oblige à livrer les chevaux à des cochers qui ne les connaissent pas. Ces *changements de main* sont ruineux pour les équipages. Le cocher, pendant son chômage, est exposé à tous les abus qu'engendre l'oisiveté, il n'aspire à remonter sur son siége que pour rattraper, par de nouvelles ruses, l'argent qu'il a perdu. Les effets de la punition ne sont ni assez prompts, ni assez directs. Ils atteignent moins le coupable que la Compagnie elle-même. Nous eûmes l'idée de remplacer la mise à pied par une amende pécuniaire, graduée suivant la nature et la fréquence du délit. Dans ce but, nous avons organisé, en dehors du personnel chargé de la vérification et du redressement des feuilles de travail, un service d'agents secrets, dont les émoluments se prélèvent sur les amendes mêmes que leurs rapports font prononcer. Ces agents, inconnus des cochers, intéressés à découvrir les fraudes, ne coûtent rien à la Compagnie; c'est la meilleure organisation possible, en fait de personnel.

Cependant, il serait désirable qu'on pût faire mieux encore, et M. le Préfet de police a, dans ce but, provoqué la découverte d'un mécanisme spécial qui soit, pour les voitures de place et de remise, ce qu'est le compteur pour les omnibus. Plus de cent ingénieurs, mécaniciens, horlogers se sont livrés à la recherche de cet appareil. La préfecture et la Compagnie ont reçu des *spécimens* de toute espèce. La question est assez importante pour que nous en disions un mot.

Les conditions du programme arrêté par M. le Préfet de police sont exprimées dans les termes ci-après :

1° Marquer d'une manière apparente, sur un cadran, les heures et les minutes;

2° Reproduire très-nettement sur un cadran, soit intérieur, soit extérieur auquel le cocher ne pourra toucher, le travail de la journée, tel qu'il est inscrit aujourd'hui sur la feuille de service;

3° Indiquer, par un signe visible, si la voiture est ou n'est pas retenue;

4° Donner au mécanisme une solidité qui lui permette de résister à tous les mouvemens et chocs de la voiture.

Ce texte tranche la question du principe qui doit servir de base au compteur. L'heure ou la distance pouvaient être adoptées. L'autorité municipale a choisi l'heure, et les termes du programme officiel prouvent qu'il a été rédigé en vue du tarif horaire dont nous avons précédemment parlé. La Compagnie a été, depuis son origine, invitée à choisir un compteur. Ses premiers administrateurs en avaient compris l'utilité : ils s'engageaient, on l'a vu, par leur lettre du 20 janvier 1857, à l'appliquer dans chacune de leurs voitures, dans un délai de dix mois, à dater du jour où l'autorité leur accorderait le tarif horaire; ils ajoutaient qu'en attendant la confection des compteurs, *des montres ordinaires seraient placées dans les voitures en circulation pour rendre plus facile l'application des tarifs.*

Les instances de la préfecture, relativement au compteur, devenaient d'autant plus pressantes que, suivant elle, le nouveau tarif en exigeait impérieusement l'emploi. Dès que la commission du 15 avril eut obtenu la conversion du tarif, il fallut donc, de toute nécessité, se décider pour un compteur.

Parmi les instruments proposés, il en était un qui avait été reconnu supérieur à tous les autres. Un exemplaire était fixé depuis près de deux ans à la voiture particulière de M. Arnoux, l'un des gérants. Nul mieux que cet habile ingénieur n'était propre à juger de la valeur de ce mécanisme. La préfecture de police l'avait soumis à de nombreuses expériences. Les procès-verbaux et les rapports portent les signatures de MM. Bréguet, Lepeaute, mécaniciens, et Bruzard, architecte en chef de la préfecture.

De pareilles garanties indiquaient surabondamment ce compteur au choix de la Compagnie; il fut adopté le 14 août 1857. Deux capitalistes se portèrent garants de l'exécution de l'engagement signé par les trois inventeurs. L'instrument devait indiquer l'heure exacte des chargements et la durée du roulement de la voiture, à la course, à l'heure, à l'intérieur ou en dehors des fortifications. Il était mis en mouvement par le cocher, au début du travail, et pour contrôler la fidélité du cocher, un pavillon extérieur, très-visible, indiquait aux passants la nature du travail accompli par la voiture. L'immobilité de l'instrument eût mis le cocher en contravention.

Les entrepreneurs s'engageaient à fournir les 500 premiers compteurs dans un délai de *six mois*, à compter de l'approbation de M. le Préfet, et de *trois mois* après pour le surplus de la livraison. Le premier terme expirait fin février, le second, fin mai 1858. En cas de retard, l'entrepreneur était passible, envers la Compagnie, d'une indemnité de *cinq francs par chaque jour de retard et par compteur non fourni.*

Il fut alloué à l'entrepreneur, pour l'usage de ses compteurs fonctionnant dans les conditions indiquées, une redevance fixe de *trente centimes* par voiture, et par jour. Le montage, les réparations, la fourniture et la pose des cartons étaient compris dans cette redevance. La Compagnie se réservait la faculté d'acheter la propriété du brevet, comme aussi de résilier le marché, sauf indemnité définie, s'il se présentait un instrument supérieur.

La confection de ce *compteur* fut confiée par les entrepreneurs à la maison Bréguet.

Dès les premiers jours de mars, la Compagnie s'aperçut que les conditions du marché n'étaient pas intégralement remplies. Elle introduisit un référé à fin de nomination d'experts. Le rapport de ceux-ci justifia pleinement les plaintes de la Compagnie. Un procès s'en est suivi, il est encore pendant. Le décès de l'un des capitalistes et la déconfiture financière de M. Varnier-Roger, qui était le second, retardent en ce moment la solution des débats. Depuis le 1er juin 1858, les entrepreneurs sont passibles envers la Compagnie de dommages-intérêts, qui, d'après les termes du marché, sont environ de dix mille francs par jour.

Plusieurs autres inventeurs se sont mis sur les rangs. La Compagnie ne peut avoir de choix à faire qu'après la solution du procès. Aucun des instruments proposés ne nous paraît offrir l'ensemble des indications désirables. L'appareil devrait, suivant nous, être indépendant de l'action du cocher et de celle du voyageur, retracer exactement le travail sur un carton horaire divisé en minutes très-distinctes et reproduire non-seulement le temps employé, mais encore la distance parcourue. Ces diverses indications se retrouvent isolées dans la plupart des modèles que nous avons vus. Il nous paraît facile de les réunir dans un seul, par la fusion des divers systèmes. Les mécanismes dont le fonctionnement est indé-

pendant de la volonté des cochers aboutissent, les uns au siége, les autres à la portière des voitures. Un honorable colonel de l'armée est l'auteur d'un mécanisme de portière aussi simple qu'ingénieux. Son invention
nous paraît pouvoir servir de base au compteur; mais comme elle sup-
pose nécessairement une portière, elle paraît difficilement applicable aux
victorias et aux voitures d'été qui en sont dépourvues; c'est une lacune
que comblera sans doute l'inventeur.

Indépendamment des appareils mécaniques, la Compagnie a eu à étudier une foule de combinaisons plus ou moins ingénieuses qui, dans l'esprit de leurs auteurs, devaient couper court à toute espèce de détournements de la part des cochers. On a pris, à ce sujet, plusieurs brevets d'invention ; aucune de ces propositions n'a soutenu l'examen au point de vue
de la pratique. Toutes étaient basées sur l'intervention du voyageur. Or, il
suffit de se rappeler avec quelle variété de gens un cocher est en rapport pour
se convaincre de l'inanité d'un contrôle, supposant chez tous les voyageurs la même aptitude, la même connaissance, le même soin et la même
volonté. Est-il raisonnable d'espérer qu'un étranger, une femme, un do-
mestique, un enfant ou un voyageur insouciant consentiront à surveiller
un cocher, dont les uns redoutent la grossièreté, et dont les autres désirent
se débarrasser le plus tôt possible? Tous les jours, nous recevons des mon-
ceaux de lettres de voyageurs qui réclament des objets oubliés dans des
voitures dont ils n'ont même pas pris le numéro. Et c'est à ces voyageurs
qu'on aurait la prétention d'imposer, soit un jeton particulier, soit un bul-
letin à souche, soit une fiche de présence, soit tout autre contrôle qui serait
bien vite entre les mains du cocher un moyen sûr de légitimer ses infi-
délités? ce n'est pas sérieux. Nous connaissons, entre autres, dans tous leurs
détails, les prétentions de certain inventeur dont il nous serait facile de définir le but. Qu'il prenne patience. Tous les moyens proposés, mécaniques ou
autres, seront, quand l'heure sera venue, soumis à l'appréciation d'une
commission composée des hommes les plus compétents; leur décision recevra la clarté du grand jour.

Traité pour l'entretien et le renouvellement des voitures et harnais.

Nous ne voulons rien omettre de ce qu'il importe à MM. les actionnaires de connaître, c'est pourquoi nous croyons devoir dire un mot du traité relatif à l'entretien et au renouvellement du matériel. La publicité des longs débats qui ont eu lieu devant la 6e Chambre de la police correctionnelle nous dispense d'entrer dans l'examen des faits poursuivis criminellement. Nous nous bornerons à indiquer les considérations qui ont motivé l'idée de livrer à l'entreprise, des travaux que la Compagnie avait jusqu'alors exécutés elle-même.

L'examen des comptes antérieurs constatait l'énormité des prix de revient de toutes les dépenses d'ateliers. Depuis sa fondation, la Compagnie avait construit, par elle-même, 500 voitures environ. L'entretien et la grande réparation du matériel repris des loueurs ou fourni par l'industrie privée, se soldaient par le chiffre de 2 fr. 49 c., par jour et par voiture, sans y comprendre le renouvellement des voitures, le cirage et le renouvellement des harnais, le lavage, l'éclairage, le graissage des roues. Les prix de ces divers objets, ajoutés au chiffre de 2 fr. 49 c., représentaient une somme énorme à laquelle vient encore s'ajouter la dépréciation résultant des inventaires. Évidemment, il y avait une indispensable nécessité à réformer radicalement un pareil état de choses. La nouvelle gérance introduisit dans cette branche du service des améliorations qui, à partir de novembre 1857, avaient fait baisser les dépenses de 50,000 fr. environ par mois. Ce n'était pas suffisant. La Compagnie possédait alors neuf ateliers en plein exercice, disséminés sur les points les plus excentriques de Paris. Cet éparpillement nuisait à la surveillance et à la direction de l'ensemble, il y avait des masses d'intérêts individuels en opposition journalière avec les intérêts collectifs de la Société : une nouvelle organisation était urgente.

Cette organisation pouvait avoir lieu de deux manières : par l'action directe de la Compagnie ou par l'entremise d'un tiers. L'auteur de cette notice essaya du premier mode : il encouragea la formation d'une société en participation, composée des employés et des ouvriers de la Compagnie. En même temps la Compagnie adressait, par la voix des journaux, une invitation aux industriels susceptibles de conduire une pareille entreprise. On compara les offres, et la Compagnie se décida pour l'industrie privée, après avoir acquis la certitude que l'association de ses ouvriers ne pouvait aboutir à aucun résultat acceptable. Le prix de 3 fr. 60 c. stipulé dans le marché intervenu entre la Compagnie et l'entrepreneur peut paraître plus ou moins rémunérateur, suivant le point de vue où l'on se place. Les bénéfices de l'entrepreneur dépendent de l'exécution plus ou moins loyale du marché. C'est à cela, suivant nous, que se rattache le délit poursuivi actuellement par la justice. Un entrepreneur qui propose une part dans les bénéfices, à des gens dont la mission est de surveiller ses opérations, commet un acte entaché de dol et de fraude, car il fait des associés de ceux qui auraient dû rester ses juges. Si, dans le cas particulier dont il s'agit, l'entrepreneur n'a pas recueilli tous les bénéfices de sa coupable préméditation, cela est indépendant de sa volonté. L'enquête a seule prévenu ses desseins, et, pour notre compte, nous nous associons complétement à la justice, et nous demandons instamment, depuis que nous connaissons les faits, l'annulation d'un acte empreint d'une souillure incontestée.

Emprunt.

La nécessité d'un emprunt avait été proclamée dès le 25 mai 1857. L'ancienne gérance laissait des dettes exigibles, et n'avait pour y faire face que les 22,000 actions restées à la souche et qui ne pouvaient être émises aux cours du jour. Le 30 juillet, l'assemblée renouvela l'autorisation qu'elle avait déjà donnée le 25 mai et y ajouta le pouvoir de contracter tous emprunts temporaires en remettant, à titre de nantissement, tout ou partie des actions disponibles.

La nouvelle administration n'avait trouvé, en entrant en fonctions, ni argent, ni crédit. La Compagnie n'avait plus de numéraire à déposer chez les banquiers, ceux-ci refusaient des avances. Il fallut donc, de toute nécessité, user du pouvoir d'emprunter sur nantissement. La gérance n'avait pas le choix des ressources. Elle était fatalement acculée à ce dilemme : suspendre le service ou emprunter à quelque condition que ce fût, sans dépasser les pouvoirs conférés par l'assemblée. La suspension du service aboutissait à la déchéance prévue par l'article 9 des traités passés avec M. le Préfet de police : l'autorité pouvait s'emparer de toutes les valeurs de la Compagnie, les placer sous séquestre et les vendre à son gré : c'était la honte d'abord, et la ruine ensuite. Les emprunts, même à des taux excessifs, bornés au chiffre de la dette sociale, affectaient, il est vrai, les intérêts matériels de la Compagnie, mais ce préjudice n'était rien en comparaison de celui auquel une suspension l'aurait condamnée. Nous avons donc peine à comprendre les griefs qu'on a voulu faire, sur ce point, à la nouvelle administration. — Elle a été dans un cas évident de force majeure, et nous défions qui que ce soit d'indiquer une autre issue.

Ces emprunts temporaires ne détournèrent pas la gérance de l'emprunt définitif. Chacun de ses membres s'occupait, dans le centre de ses relations, et suivant ses inspirations personnelles, de l'ouverture des négociations. Les sommités de la finance ayant décliné leur concours, on s'adressa au Crédit foncier. Cette société ne peut, d'après ses statuts, prêter au delà d'un million à une Compagnie en commandite. Cette somme était insuffisante : cependant, la gérance déposa sa demande, elle ne refusa d'y donner suite qu'après avoir su que, pour cette seule opération, la presque totalité de ses immeubles serait frappée d'hypothèques.

L'ancienne administration avait étudié la question de l'emprunt à émettre sous forme d'obligations. La nouvelle gérance reprit cette étude, et pour faciliter le succès de l'opération, elle rapprocha la valeur des obligations projetées de la coupure des titres de la Compagnie.

Émises à 80 fr., portant un coupon annuel de 5 fr. et remboursables à 125 fr., les obligations de la Compagnie, en dehors de la prime de remboursement, constituent un placement à 6 un quart pour 100, garanti par un gage dix-sept fois supérieur à la somme empruntée.

Malgré ces avantages, MM. les actionnaires et le public restèrent sourds à l'appel de la Compagnie. Sur 27,000 obligations, 8,824 seulement ont été souscrites. Dans ce nombre, l'entrepreneur poursuivi correctionnellement figure pour une souscription de 3,750, représentant le chiffre de son cautionnement, soit 300,000 fr. A ce sujet, nous rappellerons un fait qui a sa signification morale.

Un avis inséré dans les journaux, du 30 novembre dernier, invitait les porteurs d'obligations de la Compagnie Impériale à se rendre chez M. J. Hilpert, rue Caumartin, *pour y recevoir une communication importante.*

Or, M. Hilpert est chef du contentieux de la Société Massinot, Berly et Cⁱᵉ. M. Massinot redoit à la Compagnie 200,000 fr. sur sa souscription. Il s'efforce de ne pas les payer, sous le prétexte que, depuis l'emprunt du Crédit foncier, le gage des obligations est diminué. On comprend le but de la convocation. Nous ne ferons suivre ce simple récit d'aucune réflexion, l'intelligence du lecteur y suppléera. Nous avons voulu relater cet incident parce qu'il touche à la dignité de la Compagnie, qu'il porte atteinte à son crédit et qu'il nous conduit naturellement à parler de l'emprunt que la Compagnie est parvenu à contracter et qui, loin de diminuer la garantie offerte aux porteurs d'obligations, améliore au contraire leur position, si toutefois elle avait besoin d'être améliorée.

Quelques jours avant la réunion de l'assemblée générale du 10 avril, sous l'influence de l'accroissement survenu dans les recettes de la Compagnie, la gérance avait repris ses négociations pour l'emprunt, avec trois des premières maisons de Paris. La conclusion paraissait si peu douteuse que, dans son rapport, l'administration aurait pu l'affirmer. Elle tenait, en effet, la promesse d'une bouche qui n'a jamais menti, mais qui, dans cette circonstance, n'était, il est vrai, que l'interprète des dispositions d'autrui. Des lettres anonymes, des susceptibilités de famille, quelques incidents d'affaires vinrent tout troubler; l'opération échoua.

L'assemblée du 10 avril 1858 avait étendu les pouvoirs précédemment donnés aux gérants relativement à l'emprunt. Sous l'impression de cette nouvelle garantie, des membres du conseil d'administration du Crédit foncier invitèrent la Compagnie à réitérer sa demande près de ce grand établissement. La gérance y consentit, à la condition que l'emprunt comprendrait 1° le million statutaire à recevoir de suite; 2° le vote provisoire de

4,200,000 fr. à verser à la Compagnie dès qu'elle aurait reçu la forme de l'anonymat. Ces conditions ne pouvaient être acceptées sans la bienveillante confiance de M. le gouverneur du Crédit et la généreuse protection du pouvoir. Elles furent accueillies, et la Compagnie put ainsi traverser une des crises les plus pénibles qui aient jamais assailli une entreprise industrielle.

Cet emprunt est destiné à remplacer les obligations non souscrites, il n'y a donc pas double emploi. Les conditions n'entraînent ni prime de remboursement, ni coupons d'intérêts élevés. A tous ces titres, il a placé la Compagnie et les porteurs d'obligations souscrites, dans une situation supérieure à celle qui leur revenait par la souscription intégrale des obligations.

L'opération faite avec le Crédit foncier présente, en outre, un grand avantage, c'est de préparer au point de vue financier la possibilité de la conversion de la Compagnie en société anonyme. Grâce au vote conditionnel des 4,200,000 fr., la Compagnie pourra se libérer de ses dettes, lorsque, affranchie des entraves municipales qui paralysent son action, elle se présentera au conseil d'État dans des conditions de viabilité incontestable.

État actuel de la question.

Nous venons de parcourir les différentes phases de l'organisation industrielle et financière de la Compagnie Impériale. Il nous reste maintenant à fixer nettement la situation qui est faite aux actionnaires, par le maintien de la redevance municipale, créée en 1855, et par les chances diverses de l'exploitation du service.

Et d'abord, est-il possible, est-il juste de modifier des traités, quand l'expérience en a démontré l'imperfection? A cette question nous répondrons par des arguments sans réplique. Les plus hauts fonctionnaires de l'État parleront pour nous,

Un décret impérial du 8 février 1859 envoie au Corps législatif le projet de loi délibéré en conseil d'État et tendant à approuver les conventions passées entre S. Exc. M. le Ministre de l'Agriculture, du Commerce et des Travaux publics, et les Compagnies des chemins de fer d'Orléans, du Nord, de Paris à Lyon et à la Méditerranée, du Dauphiné, de l'Ouest, de l'Est, des Ardennes et du Midi.

MM. Vuillefroy, Michel Chevallier et de Franqueville, conseillers d'État, ont été chargés de soutenir la discussion de ce projet de loi devant le Corps législatif et le Sénat.

L'exposé des motifs de ce projet de loi contient les passages suivants. Nous ne saurions trop les recommander à la bienveillante attention de M. le Préfet de la Seine et à celle de nos lecteurs :

« Plus d'une fois, le gouvernement a dû se prêter aux nécessités d'une révision des contrats primitifs, ranimer la confiance publique et rappeler les capitaux si prompts à s'alarmer.

« Ainsi, en 1840, pour mettre la Compagnie des chemins de fer de Paris à Orléans à même d'accomplir son œuvre, il a paru nécessaire de *l'exonérer d'une partie de ses charges* et de lui garantir un minimum d'intérêts.

. . . .

« En 1850, le gouvernement vint également en aide aux Compagnies des chemins de fer d'Orléans à Bordeaux, et de Tours à Nantes, en prolongeant jusqu'à cinquante ans la durée de leurs concessions, et en les déchargeant de diverses obligations que leur imposait le contrat primitif.

« En 1852, l'Empereur a imprimé un essor décisif à l'industrie des chemins de fer par la grande mesure qui a porté à quatre-vingt-dix-neuf ans la durée des concessions.

. . . .

« Sans doute, en droit rigoureux, les Compagnies n'avaient rien à réclamer ; *elles avaient librement accepté les nouvelles concessions aussi bien que les anciennes*, et s'il en résultait pour elles de lourdes charges, elles trouvaient une compensation dans plusieurs des lignes nouvellement concédées, des garanties contre les concurrences qu'elles avaient à redouter; mais des considérations plus puissantes devaient peser sur les déterminations du gouvernement.

. . . . « Les titres des chemins de fer, répartis entre une multitude de mains diverses, constituent une partie notable de la richesse mobilière du pays qui s'est associé avec l'État pour l'accomplissement d'*une œuvre d'utilité publique* et méritent, à ce point de vue, une sollicitude spéciale. »

Que le lecteur mette le nom de la ville de Paris à la place de celui du gouvernement, et substitue la dénomination de Compagnie Impériale à celle des chemins de fer, et il aura le droit de s'étonner que des principes si généreusement proclamés par le gouvernement aient pu être un instant méconnus par l'autorité municipale de la ville la plus éclairée du monde. Du reste, cette autorité elle-même a fait l'application de ces doctrines gouvernementales. Nous savons qu'elle a résilié des traités et voté des indemnités, pour des pertes éprouvées par des adjudicataires, quand ces pertes étaient la conséquence de faits de force majeure.

La Compagnie Impériale est, sous une forme différente, mais au même titre que les chemins de fer, *chargée d'un grand service d'intérêt public*. Personne ne peut méconnaître qu'elle ait introduit dans son exploitation d'énormes améliorations qui profitent aux voyageurs. Les sacrifices qu'elle s'est imposés, les pertes qu'elle a subies, non par l'improbité ou l'incurie de ses administrateurs, mais par suite des traités dont elle demande la révision, tout le monde peut les apprécier, les toucher de l'œil et du doigt. Ses actionnaires sont recrutés presque exclusivement dans les classes les plus laborieuses et conséquemment les plus intéressantes de la société. Ce n'est pas une compagnie de riches capitalistes, c'est une société d'ouvriers, de petits industriels ; son capital est celui de l'épargne du travailleur modeste, économe, que le patronage de l'autorité municipale et le nom de l'Empereur ont attiré dans cette entreprise. Cette Compagnie, la ville peut, à son gré, en modifier les règlements et les charges. Si elle s'enrichissait outre mesure, elle demeurerait accessible à tout impôt nouveau. Elle succombe, non pas parce qu'elle manque de matériel ou de chevaux (elle est, sous ces rapports, au premier rang des sociétés d'exploitation publique), elle succombe parce que ses fondateurs et la ville de Paris ont escompté des bénéfices imaginaires ; parce qu'on lui a fait des conditions impossibles qu'aucune autre société publique ou privée ne pourrait supporter. Il faut pourtant avoir le courage d'entendre la vérité!...

Les anciens administrateurs de la Compagnie avaient commencé des démarches près de l'autorité supérieure, à l'effet d'obtenir l'exonération du droit imposé aux voitures de remise, droit qu'ils n'avaient accepté que *transitoirement* et qu'on ne pouvait reconnaître comme définitif.

Le 9 janvier 1858, la nouvelle gérance reprit l'examen de cette question et en fit l'objet d'une vive réclamation qui fut adressée à la fois à S. Exc. M. le Ministre de l'Intérieur, à M. le Préfet de la Seine et à M. Delangle, président de la commission municipale.

Le 15 février suivant, M. le Préfet de la Seine repoussait cette demande dans les termes suivants :

Paris, le 15 février 1858.

Messieurs,

Vous m'avez adressé une réclamation tendant à obtenir, soit l'exonération du droit de 1 fr. par jour que vous êtes tenus de payer à la ville de Paris, pour chacune des voitures de régie qui appartiennent à votre Compagnie, soit l'établissement d'une taxe analogue, en ce qui touche les mêmes voitures qui ne sont pas votre propriété.

Il n'a pas dépendu de l'administration municipale qu'une taxe de circulation frappant sur toutes les voitures circulant dans Paris, ne soit déjà créée; elle a fait et renouvelé des propositions dans ce but à l'autorité compétente, et elle insiste pour les faire adopter le plus tôt possible.

Quel qu'en soit le sort, votre Compagnie ne saurait s'affranchir du droit qui lui est réclamé. En effet, lors de l'instruction de sa demande en concession, le retard éprouvé par celle du projet de taxe de circulation avait porté S. Exc. le Ministre de l'Intérieur à suspendre toute décision sur la question de marché ; mais, pour éviter un tel ajournement qu'elle considérait sans doute comme préjudiciable à ses intérêts, la Compagnie que vous représentez aujourd'hui a renouvelé son engagement de payer pour toutes ses voitures la redevance stipulée, « quand bien même aucune mesure législative « n'aurait été prise à cet effet. »

D'ailleurs votre Compagnie a déclaré elle-même que le remède à sa situation gênée se trouvait soit dans l'exonération des droits, soit dans une augmentation de tarif, l'autorité ayant adopté ce dernier moyen et procuré à la Compagnie un supplément de recettes qu'elle évaluait elle-même à 1,600,000 fr., sans compter la recette applicable aux bagages. C'est en réalité le public parisien qui supportera l'excédant des charges qui pèsent sur la Compagnie. Celle-ci d'ailleurs, a déjà reçu gratuitement la concession de 500 numéros de voitures de place dont la valeur en capital n'est point inférieure à 3,500,000 fr., et qui est venue s'ajouter aux avantages résultant de son privilége. Je suis donc, Messieurs, dans l'impossibilité de donner suite favorable à une réclamation qui tend à modifier votre contrat, contrairement aux intérêts de la ville, alors que les conditions en ont été améliorées à votre profit, par la concession postérieure d'une notable augmentation de tarif.

Agréez, Messieurs, l'assurance de ma considération très-distinguée,

Le Sénateur, Préfet de la Seine,   Signé : HAUSSMANN.

Informé qu'une commission du conseil d'État s'occupait de l'élaboration d'une loi destinée à fixer un droit de circulation sur les voitures publiques dans Paris, nous eûmes l'honneur d'écrire personnellement à M. de Parieu, président de la Commission, pour lui exprimer combien la Compagnie Impériale était intéressée à voir finir, dans le plus bref délai, la réglementation oppressive qu'elle subissait.

Nous ne tardâmes pas à être informé que le travail du conseil d'État était prêt, mais que la ville n'en avait pas accepté les dispositions. *Dans tous les cas, le projet de loi n'était pas applicable, nous dit-on, à la Compagnie Impériale qui avait librement accepté des conditions spéciales.*

Nous comprimes que nos efforts individuels se briseraient éternellement contre la résistance de M. le préfet de la Seine, et nous en appelâmes à l'assemblée générale des actionnaires, dans sa réunion du 10 avril 1858. Sur la proposition des gérants, l'assemblée générale vota par acclamation et à l'unanimité la résolution suivante :

« L'assemblée invite les gérants à poursuivre avec persévérance la ré-« vision des traités passés avec l'administration municipale, et décide « qu'une pétition, signée par MM. les actionnaires, sera envoyée dans « ce but à Sa Majesté l'empereur Napoléon III.

Conformément à cette résolution, la pétition suivante fut soumise à la signature de MM. les sociétaires. Elle se couvrit dans quelques jours de 1,352 signatures, représentant 199,044 actions.

Le 20 août 1858, cette pétition fut envoyée à sa haute destination; elle était ainsi conçue :

Pétition à Sa Majesté l'empereur Napoléon III.

Sire,

Les soussignés, actionnaires de la Compagnie Impériale des voitures de Paris, ont l'honneur d'exposer à Votre Majesté les faits suivants :

En 1855, M. le Préfet de police eut l'idée de réorganiser, dans de meilleures conditions d'utilité publique, le service des voitures de place et de remise de la ville de Paris ; à cet effet, MM. Bourlon, Marc Caillard, Calvet-Rogniat et autres, traitèrent avec ce magistrat, qui leur annonça qu'un prochain décret impérial, *dont la date est restée en blanc*, allait assujettir à un droit municipal de un franc par jour toutes les voitures circulant dans Paris. En prévision de ce décret, et sous l'impression du mouvement extraordinaire occasionné alors par l'Exposition universelle, les fondateurs de la Compagnie consentirent à payer, par anticipation, le droit annoncé. Le traité fut signé et soumis à l'examen de la commission municipale, qui l'approuva par la considération :

« Que la redevance devant, ainsi que M. le préfet l'énonce dans son mémoire, être
« portée, *par un décret impérial*, tant pour les nouvelles voitures que pour les an-
« ciennes, à une somme de 365 francs par voiture et par an, les deux services des
« voitures réunies donneront à la ville une augmentation de recettes montant, chaque
« année, à un million deux cent trente mille francs. »

Le décret n'intervint pas, le gouvernement y substitua un projet de loi qui fut voté par le Corps législatif et rejeté par le Sénat.

Malgré ce rejet, la perception a été maintenue à l'égard de la Compagnie Impériale, qui, contrairement à la constitution de l'empire, se trouve ainsi placée dans une condition d'inégalité devant la loi.

Indépendamment de cette surcharge dont sont affranchis ses concurrents, la Compagnie, obéissant aux volontés du conseil municipal, a construit, dans l'intérieur de Paris, des dépôts qui contiennent 2,467 chevaux de plus que n'en avaient les anciens loueurs, et qui lui imposent, au profit de l'octroi de la ville, un excédant de dépenses de 150,000 francs environ.

Depuis trois ans, la Compagnie Impériale a fait d'énormes sacrifices pour améliorer le grand service dont elle est chargée. La cherté permanente des fourrages, la diminution de la circulation ne lui permettent plus de supporter le poids des impôts exceptionnels qui l'écrasent.

Les soussignés osent donc espérer, Sire, que Votre Majesté daignera entendre leurs plaintes, et qu'elle ne permettra pas que, sous son règne, les épargnes de treize mille citoyens, la plupart vivant uniquement de leur travail, soient dévorées par les exigences du fisc municipal.

Ils ont l'honneur d'être avec le plus profond respect,

Sire, de Votre Majesté, les très-humbles et très-dévoués serviteurs.

Cette demande collective de MM. les actionnaires ranima l'espérance générale. Nous en attendîmes les résultats avec une anxiété facile à comprendre. La pétition fut renvoyée à S. Exc. M. le Ministre de l'Intérieur. M. le Ministre la transmit à M. le Préfet de la Seine pour être, pensions-nous, soumise aux délibérations du conseil municipal, qui seul peut prononcer l'exonération d'un impôt qu'il a voté.

Inquiet des lenteurs que recevait cette affaire, nous sollicitâmes deux audiences très-rapprochées de S. Exc. M. le Ministre de l'Intérieur.

La lettre ci-après en fera connaître les motifs et les résultats.

Paris, 27 octobre 1858.

A Son Excellence Monsieur le Ministre de l'Intérieur.

Monsieur le Ministre,

J'ai eu l'honneur d'être reçu deux fois en audience particulière par Votre Excellence qui a bien voulu connaître dans tous ses détails la situation de la Compagnie Impériale des voitures de Paris. La bienveillante attention avec laquelle vous m'avez entendu, Monsieur le Ministre, a été pour moi un motif puissant de persévérer dans les efforts que je fais depuis quinze mois pour améliorer le grand service d'utilité publique dont la Compagnie est chargée, et pour sauvegarder, autant que possible, les intérêts de ses nombreux actionnaires, appartenant presque tous à la classe ouvrière. J'ai la conscience d'avoir fait tout ce qu'un homme de bonne volonté pouvait faire. J'ai réduit de moitié les frais d'administration, j'ai réformé les abus et apporté dans toutes les branches du service le contrôle et la lumière qui leur manquaient. Sous ce rapport, la Compagnie a peu à désirer. Mais il est d'autres améliorations qui ne dépendent pas de ma volonté seule et que les actionnaires et moi nous avons dû demander à l'autorité administrative et en dernier lieu à Sa Majesté l'Empereur, je veux parler de l'exonération des droits municipaux imposés en 1855 à la Compagnie Impériale des voitures, droits que ne payaient pas les anciens propriétaires de voitures de place, que ne payent pas encore aujourd'hui les loueurs de voitures de remise.

Ces droits n'ont été acceptés que *transitoirement* par les fondateurs de la Compagnie, en attendant le décret impérial qui, suivant le rapport de M. le Préfet de police, devait astreindre toutes les voitures circulant dans Paris à un droit uniforme de 1 fr. par jour. Ce décret n'a pas été publié, il a été remplacé par un projet de loi voté par le Corps législatif et repoussé par le Sénat. La Compagnie Impériale seule, malgré ce rejet, continue de payer un droit qui ne pèse sur aucun autre contribuable. Cette taxe exceptionnelle est prélevée non sur les bénéfices, mais bien sur le capital même des actionnaires, puisque depuis sa création la Compagnie n'a pas réalisé de bénéfices.

Ce prélèvement est d'autant plus onéreux pour la Compagnie que la cherté croissante des fourrages lui a imposé, dès son origine, un surcroît de dépenses qui, cette année, dépassent d'un tiers environ celles des années ordinaires ; or, ce surcroît appliqué à une cavalerie de près de huit mille chevaux, représente un million et demi environ qui, ajouté aux droits municipaux créés en 1855, dépasse de beaucoup l'intérêt de 5 p. 100 de notre capital social. Sans le dégrèvement de ces droits, il n'y aurait pas pour les actionnaires chance de recevoir jamais l'intérêt de leur mise de fonds : mieux vaudrait, en conséquence, dissoudre la Compagnie Impériale et procéder à sa liquidation.

Cette mesure serait regrettable à tous les points de vue, elle léserait les intérêts du public, qui serait moins bien servi, ceux des actionnaires, en ce que les magnifiques dépôts construits pour une exploitation collective perdraient plus de la moitié de leur valeur de construction.

La dissolution de l'entreprise aurait encore le double inconvénient d'amoindrir la confiance due au titre que l'Empereur a bien voulu donner à la Compagnie Impériale et de rendre moins facile et moins sûre la haute surveillance que la Préfecture de police a mission d'exercer sur les voitures publiques. La concentration du service facilite cette surveillance qui devient presque impossible, quand les voitures sont éparpillées aux mains d'une myriade de petits détenteurs. Cependant quelque déplorable qu'elle puisse être, la liquidation ferait ressortir les titres à un taux plus élevé qu'ils ne sont cotés à la Bourse, et, sous ce rapport, elle aurait l'avantage de mobiliser une partie du capital stérilisé par les conditions au milieu desquelles se débat la Compagnie Impériale.

L'incertitude ne saurait durer plus longtemps. L'exercice 1858 doit clore le régime des déceptions imposées jusqu'à présent à la Compagnie. Je croirais manquer à mes devoirs autant qu'à la confiance des actionnaires, si, avant la clôture de cette année, je ne les convoquais pour leur exposer le tableau de notre situation financière et industrielle. Je ne veux ni ne dois laisser ignorer aux actionnaires aucune des circonstances qui se rattacheront à leur entreprise, au moment de l'assemblée générale. Aussi, Monsieur le Ministre, je prends la liberté de solliciter de votre bienveillance une prompte décision, puisque c'est d'elle que doit dépendre l'avenir définitif de la Compagnie.

L'exénoration des droits municipaux créés en 1855 permettrait à la Compagnie de balancer ses frais, il n'y aurait à cette règle générale d'autre exception que celle résultant de la disette accidentelle des fourrages. Ce serait donc aboutir à un état normal qui sauvegarderait tous les intérêts et ajouterait à la reconnaissance que la Compagnie Impériale doit au gouvernement de Sa Majesté l'Empereur.

J'ai l'honneur d'être avec le plus respectueux dévouement, Monsieur le Ministre, de Votre Excellence,

Le très-humble et très-obéissant serviteur.

Le Directeur-Gérant,   *Signé* : Ducoux.

Quelques jours après, nous nous adressâmes à M. le Préfet de la Seine dans les termes suivants :

Paris, 2 novembre 1858.

A Monsieur le Sénateur Préfet de la Seine.

Monsieur le Préfet,

L'Assemblée générale des actionnaires de la Compagnie Impériale des voitures de Paris, dans sa séance du 26 juillet dernier, a décidé à l'unanimité qu'une pétition serait adressée à Sa Majesté l'Empereur, à l'effet d'obtenir l'exonération des droits municipaux imposés par la ville de Paris à la Compagnie Impériale, lors de sa fondation en 1855. Cette pétition, signée par mille trois cent cinquante-deux actionnaires, a été, en effet, envoyée à sa haute destination, et je suis informé qu'elle est, en ce moment, soumise à l'appréciation de la commission municipale de la ville de Paris. Permettez-moi, Monsieur le Préfet, de vous exposer la situation exacte qui est faite à la Compagnie par ces droits dont elle réclame la suppression.

L'idée de concentrer dans les mains d'une Compagnie toutes les voitures de place et de remise circulant dans Paris, appartient à M. le Préfet de police. Ce magistrat, après avoir opéré la fusion des Omnibus, provoqua un travail étudié dans le sens de la fusion des voitures. Il avait eu la louable pensée de réaliser deux améliorations importantes. La première était d'augmenter, par un surcroît de redevances municipales, les revenus de la ville de Paris ; la seconde, de faciliter la surveillance exercée par ses agents sur ce service public.

Ce travail lui fut présenté par des hommes qui ne purent l'exécuter ; ceux-ci eurent des successeurs plus importants par leur position financière ; leurs propositions furent agréées, et M. le Préfet de police adressa au conseil municipal un rapport qui fut. l'objet d'une délibération prise en date du 23 mars 1855. Le conseil adopta la proposition de M. le Préfet, par la considération :

« Que la redevance devant, ainsi que M. le Préfet l'énonce dans son Mémoire, être
« portée par un décret impérial, tant pour les nouvelles voitures que pour les anciennes,
« à une somme de 365 francs par voiture et par an, les deux services des voitures
« réunies donneront à la ville une augmentation de recettes montant chaque année
« à un million deux cent trente mille francs. »

Vous savez, Monsieur le Préfet, que ce décret, *dont la date est restée en blanc dans le Traité*, ne fut pas rendu ; il fut remplacé par un projet de loi adopté par le Corps législatif et repoussé par le Sénat. Les fondateurs n'avaient accepté que *transitoire-*

ment, par leur lettre du 23 mai 1855, l'impôt annoncé par M. le Préfet de police. Après le rejet du projet de loi, cet impôt fut converti en droit municipal à la charge exclusive de la Compagnie Impériale, en ce qui concerne les voitures de remise, car les loueurs de ce genre de voitures n'y ont pas été astreints, et la Compagnie se trouve ainsi placée dans un cas d'inégalité évidente devant l'impôt.

Ces nouveaux droits imposés à la Compagnie Impériale, comparés à ceux que payaient les anciens loueurs, constituent une charge dont le tableau suivant fait ressortir l'importance :

État comparatif des droits payés à la ville de Paris par les anciens Loueurs et par la Compagnie Impériale.

	DROITS PAYÉS par les anciens loueurs.	DROITS PAYÉS par la Compagnie impériale.	AUGMENTATION de recettes au profit de la ville de Paris.
Droits de circulation et de stationnement.			
Les 687 nᵒˢ de voitures à 2 places rachetés par la Compagnie étaient taxés à 215 fr. par an, soit. .	148,135　»		
Les 893 nᵒˢ à 4 et 5 places rachetés par la Comgnie étaient taxés à 150 fr. par an, soit.	133,950　»		
Les 278 nᵒˢ supplémentaires rachetés par la Compagnie étaient taxés à raison de.	15,893　»		
La Compagnie impériale paye pour : les 1580 nᵒˢ de place rachetés, 365 fr. par an et par nᵒ, soit :		577,430　»	
les 500 nᵒˢ de place concédés.		132,500　»	
les 278 nᵒˢ supplémentaires, 121 fr. 65, soit.		33,824　48	
les 1189 nᵒˢ de remise, 365 fr. par an et par nᵒ, soit.		433,985　»	
Totaux.	297,978　»	1,227,736　48	929,758　48
Droits d'octroi.			
La Compᵉ impˡᵉ a racheté des anciens loueurs 5467 chevaux, dont 4111 hors Paris 1356 dans Paris. Elle a aujourd'hui 3823 chevaux dans Paris, soit 2467 de plus que les anciens loueurs ; le droit d'octroi perçu sur les denrées consommées par ces chevaux est de 0ᶠ.16ᶜ.45ᵐ par jour, par cheval et par an.		148,124　30	148,124　30
Total. . . .			1,077,882　78

Je ne comprends dans ce total que l'excédant de l'impôt sur les voitures et les droits d'octroi perçus sur les fourrages consommés dans les dépôts, que le conseil municipal a ordonné de construire dans l'intérieur de Paris. Ce chiffre ne comprend pas le surcroît du prix des travaux, de l'entrée des matériaux, ni la différence des impôts de portes et fenêtres et des divers objets de consommation à la charge du personnel de la Compagnie et dont la ville profite. Toutes ces sommes totalisées représenteraient environ 1,200,000 francs.

Dans leur pétition à l'Empereur, MM. les actionnaires n'ont eu d'autre prétention que de demander le retour aux règlements antérieurs à la fondation de la Compagnie, c'est-à-dire l'exonération des droits créés en 1855, soit le dégrèvement de la somme de 929,758 fr.

Le traité de 1855, accepté de bonne foi de part et d'autre, était inspiré par deux pensées en apparence équitables : 1° La concentration du service semblait promettre des bénéfices importants; 2° L'autorité municipale concédait 500 numéros de Place et 500 écussons de Remise.

L'expérience est venue dissiper toutes les illusions. La concentration qui peut, en effet, dans un avenir plus ou moins éloigné, produire des économies, n'a été, dans le principe, qu'une cause inévitable de pertes. En effet, la Compagnie a été mise en demeure de se procurer, immédiatement, un matériel neuf et une cavalerie meilleure, en échange du matériel et de la cavalerie de rebut qu'elle était obligée de recevoir, à dire d'experts : Les loueurs avaient une occasion admirable de liquider, aux dépens de la Compagnie, ils ne l'ont pas manquée. Ces nécessités, ajoutées aux illusions et aux fautes qui accompagnent à leur début toutes les grandes entreprises, ont absorbé le quart environ du capital social. Sur ce quart, qui est de dix millions, les droits municipaux créés en 1855 figurent pour près de trois millions et demi; cette somme représente largement la valeur des 500 numéros de Place concédés par la ville. Les 500 écussons de Remise n'ont aucune valeur et n'ont jamais été mis en circulation, par la raison que le nombre des voitures de ce genre dépasse de beaucoup les besoins du public et que, dans l'intérêt de tous, il serait à désirer qu'il y eût dans Paris un prochain remaniement des voitures de Place et de Remise qui, dans l'état actuel de la capitale, devraient être confondues dans un type et dans un tarif uniformes.

De ce qui précède, il résulte clairement, Monsieur le Préfet, que la concession des 500 numéros de Place n'étant plus et ne pouvant plus être considérée comme un don gratuit, rien ne paraît autoriser équitablement la continuation d'une perception qui est non-seulement contraire à l'égalité devant l'impôt, écrite dans la constitution, mais qui, dans les circonstances où elle s'exerce, pourrait être assimilée à *une véritable spoliation;* car ces droits n'ont jamais été prélevés sur les bénéfices de la Compagnie, puisqu'il n'y en a jamais eu, mais bien sur le capital même des actionnaires.

Cette raison sera déterminante, j'ose l'espérer, près de vous, Monsieur le Préfet, et près du Conseil Municipal. Sans l'exénoration demandée par MM. les actionnaires, il serait impossible d'assurer l'avenir de cette grande entreprise dont la dissolution serait un malheur public. Elle ruinerait les actionnaires, priverait le public d'un service incomparablement mieux fait qu'autrefois, et enfin la ville de Paris perdrait, par la dissolution de la Compagnie, les droits dont nous demandons le dégrèvement. En effet, on retournerait forcément aux anciens usages et on aurait ainsi ruiné, sans profit pour personne, près de treize mille actionnaires.

Je prends la liberté de joindre à cette lettre, Monsieur le Préfet, les copies de la pétition adressée à Sa Majesté l'Empereur et de la lettre que j'ai eu l'honneur d'adresser, ces jours derniers, à Son Excellence Monsieur le Ministre de l'Intérieur. Les motifs exposés dans ces deux pièces compléteront, Monsieur le Préfet, les renseignements que j'ai cru devoir vous soumettre et que j'ose vous prier de placer sous les yeux du Conseil Municipal.

J'ai l'honneur d'être avec un profond respect, Monsieur le Préfet,

Votre très-humble et très-obéissant serviteur.

Le Directeur-Gérant,   *Signé* : Ducoux.

M. le préfet de police reçut une copie de la pétition à l'Empereur et des deux lettres qui précèdent. Nous invoquions l'appui de cet honorable magistrat près du conseil municipal.

L'assemblée générale du 10 avril avait exprimé de la manière la plus formelle « le vœu que la Compagnie Impériale des voitures de Paris fût le « plus promptement possible transformée en société anonyme. »

La gérance se mit immédiatement en mesure de réunir tous les documents exigés et de remplir toutes les formalités requises légalement pour cette transformation. Un inventaire général eut lieu, le bilan fut dressé au 31 août 1858. La préfecture de police avait confié à deux experts l'examen détaillé de tout ce qui composait la situation de la société. Le travail terminé dans la première quinzaine de septembre, avait été transmis à qui de droit. Pour entrer dans une voie nouvelle, la Compagnie n'attendait plus que le succès de sa pétition à l'Empereur. Sans l'exonération, en effet, il devenait impossible d'obtenir l'anonymat, puisque avec les conditions du traité il est reconnu que l'exploitation serait perpétuellement onéreuse. Il s'agissait donc de persévérer plus que jamais dans nos instances et de faire parvenir à qui de droit, par toutes les voies et sous toutes les formes, l'exposition claire et vraie de la situation de la Compagnie. Alors, l'enquête judiciaire était commencée depuis plusieurs mois; deux gérants étaient arrêtés, les rumeurs les plus sinistres circulaient dans les avenues du pouvoir et jusqu'à l'étranger. C'était le cas de redoubler de zèle, de vigilance et de fermeté. La moindre défaillance du seul administrateur, resté debout, eût tout entraîné dans l'abîme.

L'administrateur de la Compagnie eut l'inappréciable bonheur de pouvoir faire parvenir à l'Empereur qui était alors à Compiègne, la note suivante, datée du 12 novembre 1858. Cette note trouva de hauts et généreux interprètes.

Paris, le 12 novembre 1858.

Un dernier mot sur la situation de la Compagnie Impériale des voitures.

Un supplément d'enquête administrative, motivé par l'anonymat demandé, vient d'être terminé; il constate un avoir social *net* de trente-cinq millions de francs. Aucune autre Compagnie ne possède un semblable actif (8,000 chevaux, 3,500 voitures, près de dix millions de magnifiques immeubles).

Les erreurs ou les fautes des administrateurs ont pu engloutir, dans le début, quelques centaines de mille francs, mais l'improduction permanente de ce riche capital tient exclusivement à la condition faite par la ville à la Compagnie lors de sa fondation. Les anciens loueurs avaient peine à faire leurs frais, ils étaient même en perte lorsque le prix des fourrages était élevé. Or, depuis 1855, date de la création de la Compagnie, il y a pénurie constante de fourrages; cette année, la disette est excessive. La ville de Paris a cru pouvoir escompter des bénéfices imaginaires, elle a imposé sans décret et sans loi, un excédant de droits nouveaux dont le chiffre annuel atteint 1,200,000 fr., droits que ne payent pas les autres loueurs. Voici le tableau comparatif des droits avant et depuis l'existence de la Compagnie (Voir p. 62 la lettre du 2 novembre 1858 à M. le préfet de la Seine qui contient ce tableau).

Avec de pareilles conditions, la Compagnie ne pourrait jamais solder les intérêts de son capital social; une liquidation serait inévitable. Cette liquidation produirait nécessairement l'extinction des droits de 1855, mieux vaut donc les supprimer volontairement et conserver le service amélioré tel qu'il est; il y aurait satisfaction pour le public, pour les actionnaires et pour l'autorité supérieure.

La pétition adressée à Sa Majesté l'Empereur a été renvoyée au Conseil municipal. La ville de Paris hésitera, peut-être, à renoncer à sa perception, bien qu'elle ait lieu sur le capital social et non sur les produits de l'entreprise. Une auguste volonté peut seule réformer cette situation anormale et fâcheuse à tous les points de vue. L'anonymat de la Compagnie aurait l'avantage 1° de remettre les titres aux mains de détenteurs plus riches, ces titres seraient portés de 100 fr. à 500 fr.; 2° la surveillance du commissaire du gouvernement préviendrait tous abus de gestion. Il n'y aurait donc plus de scandale, et la ruine de treize mille petits actionnaires, presque tous

9

ouvriers, serait évitée. En cas de refus de l'exonération, le directeur actuel serait dans la douloureuse obligation d'abandonner la gestion et de proposer la dissolution de la Compagnie.

La Compagnie ne demande à la ville que l'exonération annuelle de 929,758 fr. Elle verse, en outre, dans les caisses de la ville et du Trésor la somme énorme de 750,000 fr, environ.

Cette note eut le sort des lettres adressées à MM. les ministres et préfets. La perspective du procès correctionnel, dont les éléments étaient encore confus et indéterminés, paralysait sans doute le désir qu'on avait de venir en aide à la Compagnie. On attendait la révélation des faits.

Le conseil municipal, contre notre attente, n'avait pas été saisi de la question soulevée par la pétition à l'Empereur. M. le Préfet de la Seine n'avait pas reconnu la nécessité d'une pareille communication. Cet honorable magistrat persistait dans son refus. La paternité des traités appartenant à M. le Préfet de police, il se croyait dispensé d'une sollicitude bien grande pour des intérêts qu'il n'avait pas eu personnellement à réglementer. Ce n'était pas son œuvre. Cependant, la ville de Paris encaisse régulièrement la redevance que la Compagnie lui paye, sous peine de déchéance. N'est-ce pas accepter la solidarité des traités ?

Les doléances de la Compagnie restaient sans écho.

La situation devenait intolérable.

L'administrateur revit S. Exc. M. le Ministre de l'Intérieur, le 7 décembre 1858. Le document qui suit résume ce qui eut lieu entre Son Excellence et le représentant de la Compagnie.

Paris, le 8 décembre 1858.

A Son Excellence monsieur le ministre de l'Intérieur.

Monsieur le ministre,

Des paroles échangées hier, entre nous, dans l'audience que vous avez bien voulu m'accorder, il résulte que la mauvaise réputation faite à la Compagnie Impériale des voitures de Paris, depuis son origine jusqu'à présent, ses embarras financiers et les plaintes nombreuses qui parviennent chaque jour à l'autorité supérieure, inspirent au gouvernement une inquiétude sur l'avenir de cette Compagnie, font douter de la possibilité de la sauver d'un désastre, et autorisent, en un mot, sa dissolution.

Cette dissolution, je l'ai indiquée moi-même et suis tout prêt à la proposer aux actionnaires, si la Compagnie est condamnée au *statu quo*. Mais comme cette mesure ne doit être prise que *in extremis*, parce qu'elle serait préjudiciable au public, aux actionnaires et même à l'autorité gouvernementale, je dois et je veux faire ressortir nettement les conséquences soit du remaniement de la Compagnie, soit de sa liquidation , si elle est rendue nécessaire.

Toute négligence de ma part, en pareille circonstance, me laisserait une responsabilité qu'il est de mon intérêt et de ma dignité de prévoir et de prévenir.

Voici les diverses conséquences de la situation de la Compagnie.

1° Dans son état actuel , 2° dans l'état où elle se trouverait après l'obtention du dégrèvement demandé et de sa conversion en société anonyme, 3° enfin, dans le cas de sa liquidation.

1° *État actuel.*

La Compagnie fondée au capital de 40,000,000 de francs possédait encore, au 31 août dernier, plus de 35,000,000 de valeurs en immeubles, chevaux et matériel. La partie du capital engloutie est à peu près représentée par les droits municipaux créés en 1855, sans décret et sans loi, et dont les actionnaires ont demandé à Sa Majesté l'Empereur le dégrèvement. Ces droits, additionnés jusqu'à la fin de ce mois, représentent le chiffre de 3,360,000 fr., non compris les droits supplémentaires d'octroi, par suite de la construction *forcée* des dépôts dans l'intérieur de la ville. Sans la charge de ces droits dont étaient et dont sont encore affranchis les loueurs, le capital d'émission serait donc à peu près intact.

L'intérêt du capital n'a pu être soldé, il est vrai, et ne l'aurait pas été, même avec le dégrèvement des droits précités; mais il est facile de s'expliquer ce fait. La Compagnie impériale a été fondée en 1855, et a commencé à fonctionner après l'Exposition universelle. Depuis cette époque, il y a eu disette permanente de fourrages et diminution sensible et durable dans la circulation commerciale. Or, la Compagnie dépense aujourd'hui, par voiture et par jour, sept francs environ de fourrages, tandis que les loueurs dépensaient : en 1851, 3 fr. 73 c.; en 1852, 4 fr. 01 c.; en 1853, 4 fr. 77 c.; en 1854, 5 fr. 85 c. Cet excédant, appliqué à un roulement en moyenne de 900,000 voitures par an, constitue une perte relative de deux millions et demi environ , somme plus que suffisante pour couvrir l'intérêt du capital d'émission.

La conséquence d'un pareil état de choses est donc qu'aucune industrie de voitures ne pourrait supporter les droits créés en 1855, et que moyennant l'exonération de ces droits, il y aurait balance dans les recettes et les dépenses, même avec la disette des fourrages, puisque, je le répète, le capital absorbé est la représentation presque mathématique de ces droits. Le dégrèvement est donc une question d'équité au point de vue de la perception et une question de vie ou de mort, au point de vue de l'existence de la Compagnie.

2° *État où se trouverait la Compagnie après l'obtention du dégrèvement et de sa transformation en société anonyme.*

Ce que je viens de dire de l'état actuel de la Compagnie m'a conduit logiquement à faire pressentir ce qu'elle serait avec le dégrèvement et l'anonymat : balance des dépenses et recettes, sans l'intérêt du capital, dans les années de disette et de stagnation commerciale, 7 p. °/₀ environ de bénéfices dans les années moyennes de récolte et de circulation.

Mais, pour assurer ces résultats, il faudrait nécessairement entourer la gestion de cette colossale et difficile entreprise de toutes les garanties possibles, et c'est pourquoi les actionnaires ont demandé et que je m'acharne à demander moi-même la forme anonyme. La présence d'un Commissaire du Gouvernement serait pour tous, autorité publique et actionnaires, un gage de sécurité administrative.

3° *État de la Compagnie en cas de dissolution et de liquidation.*

La dissolution de la Compagnie amène nécessairement sa liquidation, car sur les 13,000 actionnaires dont cette Société se compose, quelques centaines appartiennent à l'industrie des anciens loueurs, aujourd'hui désœuvrés et qui, par tous les moyens, entraveront la liquidation et s'opposeront à la constitution d'une société nouvelle. Le désir fixe de ces actionnaires est de s'emparer des épaves de la Compagnie et de trouver ainsi une admirable occasion de racheter, *à vil prix*, un matériel et une cavalerie bien supérieurs à ceux qu'ils ont vendus *très cher* à la Compagnie, forcée par son traité, de prendre à dire d'experts, lors de sa création, le matériel, les chevaux et les harnais des loueurs qui en feraient la demande à la Préfecture de police.

Il y aurait donc, dans ce cas, liquidation forcée et d'autant plus ruineuse, qu'en ce moment le prix des chevaux est abaissé de tout ce que les fourrages ont gagné en hausse. La liquidation enrichirait les seuls industriels qui ont profité de la création de la Compagnie, elle serait désastreuse pour la presque universalité des actionnaires.

Le public se retrouverait fatalement livré à la merci des loueurs, et nous n'avons besoin que de nous rappeler le passé, pour prévoir ce que serait l'avenir, en fait de voitures et de chevaux. Peut-être craint-on, et je comprends cette inquiétude, que l'exonération des droits ne suffise pas au salut de la Compagnie et que, dans un avenir plus ou moins éloigné, il ne faille encore recourir à quelque autre moyen de délivrance.

La réponse est facile.

En prenant pour point de départ l'année actuelle qui est la plus calamiteuse au point de vue des fourrages et du mouvement commercial, je fournirai la preuve irréfutable que les pertes de la Compagnie ne dépasseront pas le chiffre des droits dont l'exonération est demandée. Or, si à cette restitution on ajoute l'économie que nous donnerait le retour à la moyenne des dépenses de fourrages, économie que j'ai déjà chiffrée à 2,500,000 fr., on restera convaincu que, dans aucun cas, la Compagnie Impériale, avec son capital actuel de 35,000,000 fr., son nouveau mode d'administration simplifié de moitié, ne peut péricliter, ni susciter d'embarras à qui que ce soit. Cependant, si dans une pensée de haute prévoyance, le gouvernement voulait reconsolider l'édifice de façon à le garantir avec plus de certitude encore contre tout ébranlement ultérieur, je me permettrais de lui soumettre respectueusement l'observation suivante :

Les droits payés à la ville de Paris sont réglés mensuellement, non pas sur le nombre des voitures qui ont réellement circulé, mais sur le nombre de celles que la Compagnie a le droit de faire circuler. Cette base me paraît peu équitable. En effet, il est des saisons où la circulation baisse sensiblement dans Paris, par suite de l'émigration de la partie aisée de la population. La Compagnie et les loueurs réduisent leur service pour éviter des frais inutiles. Or, le droit payé à la Ville devant être la représentation exacte de l'usage qu'on fait du stationnement sur les places ou de la circulation dans les rues, il serait rationnel de ne pas exiger au delà de cette proportion. La fraude est impossible, les livres de la Compagnie mentionnent chaque jour le nombre des voitures mises en circulation et la préfecture de police contrôle cette indication. Ce serait encore là un allégement aux charges de toute nature qui pèsent sur les voitures, charges singulièrement augmentées, il faut le dire, par la longueur actuelle des courses prolongées jusqu'aux fortifications, par la concurrence des omnibus qui ont envahi toutes les directions et par la facilité des trains à vapeur pour la banlieue.

Je n'hésite pas à affirmer que les modifications ci-dessus indiquées suffiraient largement pour donner à la Compagnie Impériale une vitalité durable qui préviendrait le scandale d'une dissolution, la ruine des actionnaires, le mécontentement du public et un embarras de liquidation dont le simple aperçu me paraît de nature à effrayer les plus intrépides.

Pour abréger cette lettre, déjà bien longue, je me suis abstenu de traiter des avantages d'une grande Compagnie centrale, au point de vue du bien-être et de la moralisation des cochers, de l'ordre et de la surveillance publics. Il suffit d'indiquer de pareilles questions, pour en faire ressortir l'importance.

Maintenant que j'ai rempli, je crois, tous mes devoirs, soit en veillant aux intérêts qui m'ont été confiés, soit en éclairant qui de droit sur les conséquences de toutes les éventualités possibles, je n'ai qu'à attendre les résolutions de Votre Excellence que je m'empresserai de faire connaître à une assemblée extraordinaire des actionnaires, convoqués à cet effet.

Je vous serais très-reconnaissant, Monsieur le Ministre, de vouloir bien mettre ces cònsidérations sous les yeux de Sa Majesté l'Empereur : ce sera, je le sais, exaucer les vœux les plus ardents de nos sociétaires.

Daignez agréer la bien sincère expression des sentiments de gratitude et de respect avec lesquels j'ai l'honneur d'être, Monsieur le Ministre, de Votre Excellence, le très-humble et très-obéissant serviteur.

Le Directeur-Gérant,   *Signé* : Ducoux.

Le 7 janvier 1859, la Compagnie reçut la lettre suivante :

Paris, le 6 janvier 1859.

Monsieur, j'ai communiqué à M. le préfet de la Seine la demande que vous m'avez adressée à l'effet d'obtenir l'exonération des droits que la Compagnie Impériale des Voitures paye à la ville de Paris, en vertu d'un traité approuvé par décret du 16 août 1855.

Vous invoquez, à l'appui de cette demande, le principe de l'égalité de l'impôt, en faisant observer que les droits dont il s'agit ne pèsent pas sur les voitures de régie étrangères au service de la Compagnie, et que celle-ci les avait acceptés seulement sous la condition qu'une taxe uniforme de 1 fr. par jour serait établie sur toutes les voitures circulant dans Paris. Vous insistez en outre, sur le surcroit de dépenses que la cherté des fourrages aurait imposé à la Compagnie, dès son origine, et sur les difficultés de la situation où elle se trouve.

En réponse à ma communication, M. le Préfet rappelle que la Compagnie, avant la conclusion du traité intervenu entre elle et l'administration municipale, a pris l'engagement formel de payer, pour toutes les voitures qui lui appartiendraient, la redevance stipulée, quand bien même aucune mesure législative ne serait prise pour établir une taxe générale de circulation; qu'ayant réclamé, vers la fin de l'année 1857 comme une amélioration de situation suffisante l'accroissement du tarif des voitures, elle a obtenu cette augmentation qui lui a procuré un supplément de recettes, évalué par elle-même à 1,600,000 fr. M. le Préfet ajoute qu'indépendamment de la concession gratuite antérieure de cinq cents numéros de voitures de place, dont la valeur en capital n'est pas moindre de 7,000 fr. par numéro, elle a été autorisée notamment à percevoir, pour le transport des bagages, une redevance spéciale dont le produit s'élève à une somme assez considérable. Pour ces divers avantages, que ce fonctionnaire évalue *à trois millions de revenu*, le montant des charges nouvelles imposées à la Compagnie se serait élevé seulement à 600,781 fr. 99 c.

Quant à la cherté des fourrages, la Compagnie, favorisée exceptionnellement, a dû en subir les conséquences plus facilement que ses concurrents.

D'après ces explications, qui tendent à établir que l'état de gêne de ladite Compagnie ne doit pas être attribué au payement des droits municipaux, je regrette, Monsieur, de ne pouvoir accueillir votre demande.

Recevez, Monsieur, l'assurance de ma considération très-distinguée.

Le Ministre Secrétaire d'État au département de l'intérieur,

Signé : DELANGLE.

Cette lettre est la reproduction presque textuelle de celle du 15 février 1858. L'administration y répondit en ces termes :

Paris, le 14 janvier 1859.

A Son Excellence Monsieur le Ministre de l'Intérieur.

Monsieur le Ministre,

J'ai reçu la lettre que vous m'avez fait l'honneur de m'adresser, en date du 6 janvier, et par laquelle Votre Excellence veut bien m'informer qu'en réponse à une communication faite par elle à M. le Préfet de la Seine, ce magistrat rappelle :

« Que la Compagnie, avant la conclusion du traité intervenu entre elle et l'admi-
« nistration municipale, a pris l'engagement formel de payer, pour toutes les voitures
« qui lui appartiendraient, la redevance stipulée, *quand bien même aucune mesure*
« *législative ne serait prise pour établir une taxe générale de circulation ;* qu'ayant
« réclamé, vers la fin de l'année 1857, comme une amélioration de situation suffi-
« sante, l'accroissement du tarif des voitures, elle a obtenu cette augmentation qui
« lui a procuré un supplément de recettes évalué, par elle-même, à un million six
« cent mille francs. M. le Préfet ajoute, qu'indépendamment de la cession gratuite
« antérieure de cinq cents numéros de voitures de place dont la valeur en capital
« n'est pas moindre *de 3,500 fr. (sic) par numéro*, elle a été autorisée notamment à per-
« cevoir pour le transport des bagages une redevance spéciale dont le produit s'élève
« à une somme assez considérable. Pour ces divers avantages, que ce fonctionnaire
« évalue à 3 millions de revenus, le montant des charges nouvelles imposées à la
« Compagnie se serait élevé seulement à 600,781 fr. 99 c. »

Votre Excellence conclut de ces explications que la gêne de la Compagnie ne doit pas être attribuée au payement des droits municipaux, et en conséquence, Monsieur le Ministre, vous repoussez la demande d'exonération que j'ai eu l'honneur de vous faire.

L'importance du sujet vous fera excuser, Monsieur le Ministre, la persistance que je mets à défendre une cause qui intéresse le public et un nombre considérable de petits actionnaires. Votre Excellence voudra donc bien me permettre de rectifier ce que je crois être des erreurs d'appréciation de la part de M. le Préfet de la Seine.

MM. les fondateurs de la Compagnie Impériale, Bourlon et consorts, par une lettre collective, en date du 23 mai 1855, adressée à M. le Préfet de police, et sans attendre la promulgation du décret ou de la loi qui, suivant le rapport de M. le Préfet, devait frapper d'un droit uniforme de 365 fr. par an toutes les voitures publiques ou bourgeoises circulant dans Paris, ont pris, il est vrai, l'engagement formel de payer la redevance stipulée dans le traité intervenu entre la Compagnie et l'administration municipale. Leur lettre contient en effet ces mots : *quand bien même aucune mesure législative ne serait prise pour établir une taxe générale de circulation.* Mais il suffit de lire avec attention le traité passé en premier lieu avec M. le Préfet de police, le procès-verbal de la séance du conseil municipal du 23 mars 1855, celui de la séance du 13 juillet, pour rester convaincu que les mots ci-dessus indiqués n'exprimaient que l'engagement de payer la taxe projetée, *transitoirement*, c'est-à-dire par anticipation et en attendant le décret annoncé par le rapport de M. le Préfet de police. La lettre de MM. Bourlon et consorts dit expressément :

« Il nous reste aujourd'hui à formuler d'une manière définitive la proposition sui-
« vante qui a paru, Monsieur le Préfet, obtenir votre assentiment, et qui, sans déro-
« gation aux conditions établies dans le traité approuvé par vous, serait appliquée
« TRANSITOIREMENT. »

Le conseil municipal, dans sa délibération du 13 juillet 1855, reconnaît le caractère transitoire de cette négociation, car il accepte les propositions de MM. Bourlon et consorts dans les termes suivants :

« Le conseil..... délibère :

« Les deux clauses ci-dessus transcrites (la taxe des voitures de place et celles de la
« régie), présentées par les sieurs Bourlon et consorts, comme complément *transitoire*
« du traité solidaire du 27 février dernier sont approuvées. »

Cette interprétation ne paraît donc pas contestable. Comment admettre en effet, que le Conseil municipal de Paris, le premier de l'Empire par son importance et surtout par les lumières et la position des membres qui le composent, ait pu accepter comme définitives des propositions qui impliqueraient une violation de l'égalité devant l'impôt ? Bien que le Conseil, dans cette même séance du 13 juillet, ait considéré cette taxe nouvelle comme un simple droit de stationnement, il savait si bien ne déroger que *transitoirement* aux grands principes consacrés par toutes les constitutions, qu'il s'est bien gardé d'appliquer la taxe aux 1,500 voitures de régie qui n'appartiennent pas à la Compagnie impériale. Une loi seule peut autoriser une si lourde innovation, et cette loi, non-seulement elle n'a pas été promulguée, mais elle a été repoussée par le Sénat.

Peut-on sérieusement invoquer en faveur de cette taxe en ce qui touche la régie, la concession des 500 écussons faite à la Compagnie Impériale? Mais ces numéros n'ont jamais circulé. Paris a deux fois plus de voitures de cette catégorie que ne le comportent les besoins du public, et, dans tous les cas, la taxe, pour avoir une apparence d'excuse, aurait dû se borner aux numéros concédés et respecter ceux que la Compagnie a achetés. Le jour où la loi fut repoussée par le Sénat, toutes ces mesures transitoires auraient dû, en équité, disparaître pour faire place au régime de légalité, et d'égalité qui assimile la Compagnie Impériale à tous les autres contribuables.

Je conclus donc sur ce point, en disant : non, il n'est pas exact que les fondateurs de la Compagnie Impériale aient prétendu payer continuellement une taxe, *même en l'absence de toute mesure législative*. Mais, quand bien même un engagement aussi téméraire eût été pris par MM. Bourlon et consorts, serait-ce une raison pour le rendre éternel ? L'expérience n'est-elle pas venue dessiller les yeux des moins clairvoyants ? Ne serait-il pas immoral de prétendre qu'un traité passé de bonne foi avec une administration municipale ne puisse être revisé, quand bien même il serait reconnu ruineux pour plusieurs milliers de citoyens ? Non, une pareille thèse ne peut être convenablement soutenue. Nous aboutissons ainsi logiquement au dilemme suivant : Ou le traité a un caractère *transitoire*, et alors il doit être modifié, ou bien il est définitif, et alors l'administration municipale doit opter entre sa révision et la ruine de 13,000 actionnaires.

Poser ainsi la question, Monsieur le Ministre, c'est la résoudre ; car ce serait de la part de la Compagnie Impériale une monstrueuse ingratitude que de douter de la bienveillante protection de l'administration municipale et du Gouvernement Impérial.

La Compagnie fondée en 1855 n'a commencé réellement à fonctionner qu'en 1856.

Les exigences auxquelles elle a été soumise par les traités, dès son origine, jointes à la disette des fourrages et à l'insuffisance du travail ont pesé tellement sur son entreprise que, dès la fin de 1856, c'est-à-dire après une seule année d'exploitation, elle avait absorbé quelques millions et ne pouvait solder l'intérêt de son capital.

Une commission extraordinaire fut nommée en 1857 par les actionnaires, j'eus l'honneur d'en être le président. Il résulta de l'examen sévère de la situation que la Compagnie marchait à une ruine inévitable, si d'un côté on n'introduisait dans les dépenses administratives une réforme radicale et si, d'un autre côté, on n'obtenait de l'autorité municipale de nouvelles conditions d'exploitation. La commission formula en tête de ses demandes *l'exonération des droits municipaux créés en 1855.*

Cette demande fut *ajournée* par votre honorable prédécesseur qui borna ses concessions au changement du tarif et à la taxe sur les bagages. Le nouveau tarif n'a pas été profitable seulement à la Compagnie Impériale, mais aussi et principalement au public : car si la Compagnie perçoit 15 centimes de plus par course, le public a l'avantage de pouvoir parcourir en voiture, au même prix, le périmètre des fortifications au lieu du mur d'octroi. Certes, l'élévation du tarif n'a pas été proportionnelle à l'accroissement du travail ; cependant, ce fut une amélioration. Elle a suffi avec les économies apportées dans la gestion pour permettre à la Compagnie de supporter sans périr la cherté croissante des fourrages ; mais l'exonération demandée est rigoureusement indispensable, si l'autorité supérieure veut assurer la continuation du grand service dont la Compagnie est chargée. Mes lettres précédentes me dispensent, Monsieur le Ministre, de répétitions qui deviendraient fastidieuses. Je crois avoir démontré aux plus incrédules que la Compagnie Impériale, en rentrant sous le régime des faveurs qui l'ont précédée, se trouverait, par cela même, en position de faire face à tous ses engagements et à tous les besoins du public. Est-ce trop exiger que de demander à être compris dans la loi commune ?

La dissolution laisserait des remords ou pour le moins des regrets dans l'âme de ceux qui l'auraient provoquée ou permise. La vérité de la situation ne peut tarder à être connue de tous. Dans quelques jours se dénouera devant la justice un procès qui a motivé les investigations les plus minutieuses sur l'ensemble des opérations de la Compagnie. Le gouvernement et le public seront édifiés sur les causes de la gêne et des pertes d'une entreprise dont tout le monde parle et que peu de gens connaissent. J'attends avec impatience ce grand jour de révélations judiciaires, persuadé qu'il apportera une lumière bienfaisante dans la question et que la malveillance des uns et l'hésitation des autres disparaîtront enfin devant l'évidence des faits.

L'idée d'une commission composée de hauts fonctionnaires examinant au point de vue de l'ordre public quelles seraient les plus sages mesures à prendre, aussi bien dans l'intérêt des voyageurs que dans celui des actionnaires, m'avait paru opportune; elle eût préparé les voies d'une réorganisation pouvant faire suite immédiate au procès ; Votre Excellence avait daigné l'approuver, je m'incline devant les motifs qui l'ont fait repousser. Après la solution du débat correctionnel, une assemblée extraordinaire de MM. les actionnaires décidera du sort de la Compagnie. J'ai voulu remplir aujourd'hui un dernier devoir en protestant contre la fin de non-recevoir de M. le préfet de la Seine et en maintenant dans leur intégralité les observations que j'ai eu l'honneur d'adresser à Votre Excellence et à M. le préfet de la Seine.

Veuillez agréer, Monsieur le Ministre, l'expression des sentiments respectueux avec lesquels j'ai l'honneur d'être, de Votre Excellence, le très-humble et très-obéissant serviteur.

le Directeur gérant,

Signé : Ducoux.

Nous ne croyons pas avoir besoin de reproduire un plus grand nombre de documents officiels. Ceux qui précèdent suffisent, et au delà, pour former la conviction de MM. les actionnaires.

Nous espérions dans les résultats du procès. Les débats devaient, selon nous, dévoiler aux yeux de tous, les véritables causes de l'insuccès de la Compagnie. Les délits ou les fautes des accusés importent peu, sous le rapport matériel, au résultat de l'entreprise. La question est bien simple. C'est une balance de recettes et de dépenses dont les éléments ne dépendent pas exclusivement de la sagacité ni même de la probité des administrateurs. Il s'agissait de mettre cette vérité en relief, la publicité du procès a rendu cet éminent service à la Compagnie, il n'y a plus d'obscurité pour personne. Aujourd'hui, le pouvoir et la Ville peuvent se décider, en toute connaissance de cause, soit pour le salut, soit pour la dissolution de la société.

Depuis le procès, nous avons eu l'honneur de voir M. le ministre de l'intérieur, Son Excellence a voulu étudier de nouveau, par elle-même, l'état de la question. Nous n'osons rien prédire, nous attendons, résigné d'avance à tout événement.

Exploitation proprement dite. — Frais administratifs. — Impôts.

L'exploitation de la Compagnie peut être régulièrement appréciée dans ses résultats, à partir de l'année 1856. Cependant, les écritures du premier exercice n'ont pas, à nos yeux, la même autorité que celles des deux exercices suivants, par la raison que les embarras et les difficultés inhérents à toute entreprise nouvelle, bien qu'ils ne nuisent pas à la justification de l'emploi des fonds, en rendent quelquefois l'application arbitraire. Il y a dans toutes les entreprises un moment où la distinction, entre les frais d'exploitation et les frais de premier établissement, ne peut être sainement établie que par les administrateurs, initiés à tous les détails de l'organisation naissante.

Le tableau suivant résume les comptes de l'exploitation qu'il est indispensable de faire connaître.

*Recettes et Dépenses de l'exploitation proprement dite pendant
les Exercices 1856, 1837, 1858.*

		RECETTES			DÉPENSES		EXCÉDANTS			
	JOURNÉES de VOITURES.	PRODUITS.	MOYENNE.	DÉPENSES.	MOYENNE.	DES RECETTES	MOYENNE.	DES DÉPENSES.	MOYENNE.
EXERCICE 1856 { Place. . .	616,808	8,758,417 52	14 20	7,765,612 72	12 59	992,834 80	1 60	» »	» »
Remise. .	109,446	1,326,021 62	12 11	1,596,817 14	14 59	» »	» »	270,795 52	2 47
TOTAL	726,254	10,084,469 14	13 88	9,362,429 86	12 89	722,039 28	0 99	» »	» »
EXERCICE 1857 { Place. . .	669,865	9,314,060 49	13 90	12,682,395 86	18 91	» »	» »	3,368,335 37	5 01
Remise. .	161,915	2,164,988 48	13 37	3,016,833 76	18 63	» »	» »	851,845 28	5 26
TOTAL.	831,780	11,479,048 97	13 80	15,690,229 62	18 87	» »	» »	4,220,180 65	5 07
EXERCICE 1858 { Place. . .	685,809	9,787,897 79	14 27	10,410,658 18	15 18	» »	» »	622,760 39	0 91
Remise. .	144,637	2,021,547 95	13 97	2,133,215 38	14 74	» »	» »	111,667 43	0 77
TOTAL.	830,446	11,809,445 74	14 22	12,543,873 56	15 10	» »	» »	734,427 82	0 88

		BÉNÉFICE	MOYENNE	PERTE	MOYENNE
RÉSUMÉ DES EXERCICES {	1856	722,039 28	0 99	» »	» »
	1857	» »	» »	4,220,180 65	5 07
	1858	» »	» »	734,427 82	0 88

Il y a progrès, comme on le voit, dans les recettes brutes de 1858, et cependant le roulement a plutôt diminué qu'augmenté dans le cours de cette année. Cette amélioration est due au tarif nouveau.

L'excédant des dépenses de 1857 n'est aussi considérable que parce que cet exercice supporte la dépréciation attribuée au matériel par les inventaires postérieurs à la démission de la première gérance.

La moyenne des dépenses de 1858, déjà plus faible, serait bien plus satisfaisante encore, si elle ne s'était ressentie de la disette des fourrages. Cette partie de nos dépenses mérite un examen tout particulier.

MM. les actionnaires ont été informés des expériences auxquelles s'est livrée la Compagnie pour obtenir des économies dans l'alimentation de ses chevaux. Ces essais commencés dès le 13 août 1857, sous l'inspection et avec les conseils des premiers maîtres de la science hippique, se sont continués en 1858, et ont abouti, après bien des tâtonnements et quelques déceptions, à l'adoption d'un régime dont nous avons à nous applaudir, puisqu'il a pour conséquence une économie notable sans dépérissement de nos chevaux.

Ce régime est mixte ; il varie suivant l'état de repos et celui du travail. La nourriture comprimée s'absorbe vite et se digère de même. A l'écurie, elle condamne le cheval à un long désœuvrement ; l'estomac de l'animal n'est pas suffisamment *lesté* par le volume du bol alimentaire ; le cheval, par impatience autant que par besoin, mange sa litière. Nous avons repris la nourriture ordinaire pour le temps de stabulation et maintenu la nourriture comprimée pour l'extérieur. Dans cette seconde circonstance, les repas du cheval sont irréguliers, il a besoin d'une nourriture facile à mastiquer et à digérer, le cocher n'est pas maître de ses instants : les aliments doivent en outre être peu volumineux pour la commodité du transport. Le *bottillon* de foin entier servi sur les places traîne dans la boue ou dans la poussière, le sol en garde la partie la plus nutritive, le mélange comprimé remédie à tous ces inconvénients. Sous le rapport du service, il est d'une facile application : sous le rapport alimentaire, l'expérience de tous les jours nous démontre qu'il ne porte aucune atteinte à la santé des animaux ; nous croyons donc être dans le vrai et nous nous y maintenons jusqu'à preuve du contraire.

Les dépenses de fourrages pour 1857 avaient été de 5,492,371 fr. 99 c.
Elles sont, pour l'exercice 1858, de. 5,468,744 02

Différence en faveur de 1858. . . . . 23,627 97

La mercuriale des fourrages de 1858 est plus élevée que celle de 1857 ; nous n'avons pas eu moins de chevaux à nourrir, et cependant la Compagnie a dépensé moins. Nos lecteurs comprennent déjà que cette économie est due au nouveau système d'alimentation. Du reste, le tableau suivant fera mieux ressortir encore les conséquences bénéficiaires de l'organisation actuelle.

Tableau comparatif du prix des fourrages.

DENRÉES.	ANCIENS LOUEURS.	1857	1858
Foin, les 100 kilog.	40 »	55 50	65 »
Paille, —	19 »	23 »	30 »
Avoine, —	17 65	20 »	22 »
Orge, —		23 »	18 »
Son, —		14 75	14 50
Féveroles —			20 50

Tableau comparatif du prix des rations calculé sur les prix ci-dessus.

CATÉGORIES des CHEVAUX.	RATIONS DE 1857			RATIONS DE 1858		
	Au prix DES LOUEURS.	Au prix des achats de l'année 1857.	Différence en plus.	Au prix DES LOUEURS.	Au prix des achats de l'année 1858.	Différence en plus.
Cabriolet.	2^f 03^c 625	2^f 37^c 225	»^{f} 33^c 600	1^f 95^c 200	2^f 50^c 250	»^{f} 55^c 050
Gros cheval de 4 pl.	2 12 450	2 47 225	» 34 775	2 04 025	2 61 250	» 57 225
Petit cheval de 4 pl.	1 22 543	1 44 020	» 21 477	1 20 229	1 51 120	» 30 891
Cheval de fiacre. .	1 71 418	1 99 760	» 28 342	1 65 050	2 08 200	» 43 150
Cheval de remise. .	1 83 887	2 14 437	» 30 550	1 85 200	2 43 500	» 50 300

La différence des prix a occasionné un excédant de dépenses qui a été pour

1857, de. . . . . 771,512 fr. 49 c.
1858, de. 1,174,005 06

Total. . . . 1,945,517 fr. 55 c.

La cavalerie de la Compagnie se composait, au 31 décembre dernier, de 7,632 chevaux, divisés en catégories diverses, savoir :

2,855 gros chevaux.
3,828 petits.
949 chevaux de remise.

Lors de l'expertise faite en août 1858, en vue de l'anonymat, l'expert de la préfecture de police, M. Leblanc, vétérinaire en chef de l'administration municipale, constata un dépérissement occasionné par les fatigues du service d'été, par la transformation trop brusque du mode alimentaire, par une diminution trop sensible des rations, et enfin par la mauvaise qualité des fourrages livrés, dans le cours du dernier mois qui précéda l'expertise. Le dépérissement fut évalué au chiffre de 352,684 fr. 17 c.

Chargé seul de tous les services de la Compagnie, nous nous hâtâmes de remédier à un état de choses qui, depuis plusieurs mois, n'était pas sous notre direction spéciale. La sévérité dans la réception des fourrages, des modifications dans les mesures et dans les doses des aliments, et quelques autres mesures hygiéniques et administratives furent immédiatement appliquées. Quelques semaines après, la cavalerie était sensiblement *refaite* et les rapports hebdomadaires de nos médecins vétérinaires, à l'intelligence et à l'activité desquels nous nous plaisons à rendre hommage, n'ont pas cessé, depuis cette époque, de nous confirmer dans les excellentes impressions que nous rapportons de nos visites personnelles dans les différents dépôts de la Compagnie.

Aujourd'hui, la cavalerie est dans un état très-satisfaisant. Les incrédules ou les malveillants peuvent contrôler facilement notre affirmation ; il leur suffira d'examiner avec attention, sur les places et dans les rues de Paris, les attelages de la Compagnie Impériale. L'amélioration, depuis le 31 août, est considérable. Néanmoins, nous avons fait procéder à un inventaire nouveau, basé, cette fois, non sur le prix industriel, mais sur la valeur vénale de notre cavalerie. Un pareil document serait d'une très-grande utilité dans le cas où, par suite d'une dissolution volontaire, la Compagnie se trouverait dans la nécessité d'une liquidation sociale.

La rareté des fourrages ayant amené l'abaissement du prix des chevaux, nous avons fortifié notre cavalerie par une remonte de chevaux neufs dont la plupart ont aujourd'hui surmonté les épreuves du métier.

Depuis le 1ᵉʳ septembre jusqu'au 31 décembre 1858, la Compagnie a reçu

<pre>
179 gros chevaux au prix moyen de. . .   521 fr. 81 c.
457 petits   —   au prix moyen de. . .   269   06
 57 chevaux de remise   —   . . .   596   23
</pre>

Ces prix, comparés à ceux des mois précédents, établissent une différence en moins, savoir :

<pre>
Pour les gros chevaux, de. . . . . . .   82 fr. 56 c.
 —   les petits   —   de.   53   89
 —   les chevaux de remise, de. . . .   106   16
</pre>

Depuis le 1ᵉʳ janvier jusqu'au 31 mars 1859, le prix des chevaux s'est relevé sous l'influence des bruits de guerre. Le prix moyen a été de 602 fr. 76 c. pour les gros chevaux; de 296 fr. 93 c. pour les petits. Les besoins de la Compagnie étant à peu près satisfaits, les achats ont été momentanément suspendus.

Dépenses administratives, impôts divers.

Nous avons dit que les dépenses administratives au mois d'avril 1857 étaient de 1,063,000 fr., frais de surveillance compris. En 1858, ces mêmes dépenses ont été de 501,740 fr. 88 c.

Le relevé des impôts de toute nature payés annuellement par la Compagnie, constate ce qui suit :

État des impôts de toute nature payés annuellement
par la Compagnie Impériale.

<pre>
Droits municipaux sur les voitures. . . . .   1,227,736 fr. 48 c.
Contributions indirectes (régie).   190,000
Contributions directes [1].   55,000
Octroi sur les fourrages.   315,000
                                              ____
                        Total.   1,787,736   48
</pre>

[1] Il y aura augmentation pour l'année 1859, de 10,000 fr. environ, et tous les bordereaux ne sont pas encore présentés.

Les impôts payés pour des voitures n'ayant pas circulé, totalisés depuis le 1ᵉʳ janvier 1856 jusqu'au 31 décembre 1858, atteignent le chiffre de 1,004,190 fr. 77 c. C'est une moyenne de plus de 300,000 fr. par an.

Ces impôts réunis représentent, à eux seuls, le sixième des recettes brutes de la Compagnie. Nous ne pensons pas qu'aucune autre industrie contribue, dans cette proportion, aux perceptions fiscales. Depuis sa création, la Compagnie a versé, en excédants de droits, la somme de 3,400,000 fr. environ, qui justifie, à tout événement, sa propriété des 500 numéros concédés par la ville.

Les livres de la Compagnie, saisis par la justice, ne lui ont été restitués que depuis le procès, et encore l'appel du jugement a-t-il rendu cette restitution incomplète. Cette circonstance a occasionné quelques jours de retard dans la convocation de l'assemblée générale annuelle, qui aurait dû, statutairement, se réunir dans le courant de mars. Les comptes, inscrits sur des registres provisoires, ne sont pas encore entièrement mis à jour, au moment où nous écrivons. Notre rapport du 13 avril prochain complétera notre travail en exposant le bilan de la Compagnie.

En comparant notre situation financière actuelle à celle du 31 juillet 1857, MM. les actionnaires verront avec plaisir que, malgré les déplorables conditions du service d'exploitation, la nouvelle administration est parvenue à restreindre, dans une énorme proportion, les atteintes que le capital social subissait avant elle. Le déficit existant appartient presque exclusivement aux exercices de 1855, 1856 et aux premiers mois de 1857.

Les résultats de l'exploitation du 1ᵉʳ trimestre 1859 constatent la marche progressive de l'amélioration générale des services.

Les recettes du 1ᵉʳ trimestre 1858 ont été de. . . . 2,489,192 fr. 51 c.
Celles du 1ᵉʳ trimestre 1859 sont de. 2,880,587   50

Différence en faveur de 1859. 391,394   99

De pareils faits prouvent combien il serait facile de sauver une société qui ne demande, pour vivre et réparer ses désastres, qu'à être régie par les ordonnances et les traités appliqués, avant sa fondation, aux entreprises qu'elle continue dans des circonstances moins favorables.

CONCLUSION.

Nous venons de passer en revue toutes les conditions organiques, financières et administratives faites à la Compagnie impériale des voitures de Paris, depuis sa formation. Nous croyons avoir démontré victorieusement qu'il serait chimérique d'espérer une exploitation profitable tant que la Ville persistera dans la prétention de s'attribuer l'excédant de redevance créé en 1855 et qui étant, ainsi que nous l'avons dit, prélevé non pas sur le *bénéfice*, mais bien sur le *capital* des actionnaires, équivaut à une véritable confiscation.

Il est évident, d'un autre côté, qu'en rentrant dans le droit commun, pour ce qui tient aux voitures de remise, et en étant ramenée au régime des anciens loueurs, pour ce qui regarde les voitures de place, la Compagnie Impériale se trouverait garantie contre tout danger ultérieur. Cette dernière verité ressort des chiffres exposés ci-dessus et que nous demandons la permission de reproduire; car on ne saurait trop élucider une question à laquelle se rattachent de si nombreux et si légitimes intérêts.

Les recettes brutes de l'exploitation 1858 ont été de.   11,809,445 f.74 c.

Les dépenses de.   12,543,873   56

Déficit de l'exploitation.   734,427   82

En admettant, ce qui est rationnel, que la Compagnie ait été dans un état normal, c'est-à-dire qu'elle ait seulement continué à payer les droits municipaux des anciens loueurs et que le prix des fourrages eût atteint la moyenne des périodes antérieures à la formation de la Compagnie,

Au lieu d'un déficit de. . . . .   734,427 f. 82 c.

la Compagnie eût réalisé, savoir :

Sur les fourrages. . . . . 1,200,000 » ⎫

Sur les droits municipaux. . . . . . . 929,758 48 ⎬ 2,429,758 48

Suppression de l'impôt des voitures non roulant. 300,000 » ⎭

Soit un excédant de bénéfices de. 1,695,330 66

En prenant, pour terme de comparaison, l'exercice de l'année 1858, nous ne pouvons pas être suspecté d'optimisme : car tout le monde sait

qu'elle a été calamiteuse au point de vue des affaires commerciales, et
que le mouvement de la circulation dans Paris est le thermomètre exact
de l'activité industrielle. Sous ce rapport, la Compagnie ne peut avoir
que du mieux à espérer.

Nous ferons remarquer en outre que toutes les voitures de la Compagnie sont loin d'avoir circulé, par l'excellente raison que, lorsque le travail fait défaut, il serait insensé de multiplier les instruments de ce travail. L'an prochain, Paris aura sa grande exposition quinquennale, on
peut prévoir un redoublement d'activité, la Compagnie est largement
pourvue du matériel nécessaire, aucune de ses voitures ne chômera.

Le *compteur* n'a pas fonctionné jusqu'à présent, non pas à cause de son
inutilité comme moyen de contrôle, mais à cause des vices reconnus de
sa construction. Si, comme tout le fait supposer, l'issue du procès engagé
est favorable à la Compagnie, elle n'aura pas à se plaindre d'un retard
qui, d'après le traité, et en cas de solvabilité de la part des débiteurs, lui
procurerait depuis le 1ᵉʳ juin 1858 jusqu'à fin mars 1859 — à raison
de 5 fr. par jour et par voiture de place ayant roulé — une somme ronde de
près de trois millions. Le compteur *nouveau*, pour lequel nous tenons
en réserve tous les éléments désirables, devra nécessairement être protec-
teur pour les intérêts de la Compagnie ; nous ne l'indiquons que pour
mémoire.

Dans une pareille situation, l'anonymat serait promptement accordé à
la Compagnie et, à ce sujet, nous devons quelques mots d'explications à
ceux de nos lecteurs qui n'auraient pas réfléchi aux avantages que cette
transformation procurerait à notre Société.

La forme anonyme sans rien changer à nos recettes et à nos dépenses, aurait pour conséquence de remanier le capital social, en
ce sens que notre avoir, constaté par experts, comme il l'a été au
31 août 1858, serait adopté comme étant le capital vrai, et sans avoir
égard à l'ancien chiffre d'émission. Les actions à coupure déterminée
seraient remplacées par des parts d'intérêt proportionnel ; cette forme
modifierait heureusement l'état du marché existant sur nos valeurs.
Enfin, dans une société anonyme, le gouvernement est représenté par
un commissaire spécial, chargé de surveiller les comptes et la marche

administrative de la Compagnie ; il adresse, chaque trimestre, un rapport à S. Exc. M. le ministre du commerce.

Ce serait, on le voit, une réorganisation financière et administrative, en même temps qu'une garantie profitable à tous les intérêts. Ainsi reconstituée, la Compagnie trouverait facilement un capital nouveau qui lui permettrait de compléter la fusion pour laquelle elle a été fondée.

La concentration permettrait de ramener les voitures à un type et même à un prix uniformes. De cette façon, plus de concurrence ruineuse, inégale et stupide ; le public serait mieux servi. Les cochers de Paris moralisés par la certitude d'une pension de retraite, et par l'impossibilité de continuer des traditions qui leur seraient fatales, se recruteraient plus aisément ; on en trouverait parmi les cavaliers de l'armée. Cette profession serait recherchée parce qu'elle amènerait désormais un bien-être convenable et honnêtement acquis. En un mot, l'ordre et la prospérité matériels succéderaient à l'état actuel, qui n'est ni la liberté, ni le privilége et offre tous les inconvénients des deux systèmes sans présenter un seul de leurs avantages.

Notre première conclusion est donc que l'exonération de la taxe municipale, créée en 1855, permet à la Compagnie Impériale des voitures de continuer son entreprise en améliorant le service.

Mais, si contre toute justice et nonobstant la saisissante évidence des choses, les traités de 1855 sont maintenus, notre conviction profonde est que l'entreprise serait, pour MM. les actionnaires, une cause incessante de sacrifices. Une année d'exposition, une abondance excessive de fourrages pourraient, de loin en loin, permettre un dividende. Mais, en moyenne, il y aurait à peine équilibre et, dans les années tant soit peu mauvaises, le capital serait entamé. Nous ne savons si l'administration municipale espère trouver d'autres concessionnaires disposés à accepter la taxe que la Compagnie déclare ne pouvoir supporter. Nous affirmons que ce serait condamner une seconde fois des entrepreneurs à une ruine certaine.

Nous ne recommencerons pas à ce sujet les longs plaidoyers contenus dans cette notice. Tout le monde doit être fixé sur la solution que doit avoir cette affaire.

Notre conclusion, dans ce cas, est que la dissolution de la Compagnie est inévitable.

Terminons par l'examen de la situation faite à la Compagnie, en cas de liquidation.

L'article 40 des Statuts est conçu en ces termes :

« Lors de la dissolution de la Société, à quelque époque et pour quelque
« cause qu'elle ait lieu, l'assemblée générale, sur la proposition des ad-
« ministrateurs gérants, et après avoir entendu le conseil de surveillance,
« réglant le mode de liquidation, nommera un ou plusieurs liquidateurs
« et pourra leur conférer tous les pouvoirs qu'elle jugera convenable, même
« celui de réaliser à l'amiable tout l'actif social, y compris les immeubles,
« sans avoir à remplir aucune formalité de justice.

« Après la dissolution et jusqu'à la fin des opérations de la liquida-
« tion, l'assemblée des actionnaires conservera les mêmes pouvoirs et
« attributions que pendant le cours de la société. »

La clarté de ce texte dispense de tout commentaire.

Les droits et les devoirs de l'assemblée générale y sont nettement exposés. Mais quelle serait la conduite de l'autorité municipale dans cette longue et difficile liquidation?

L'article 9 donne bien à M. le Préfet de police le droit de déclarer déchus *du bénéfice* des traités MM. Bourlon *et consorts* dans le cas où ils viendraient à cesser leur exploitation, ou seraient hors d'état de la continuer. Mais évidemment la Compagnie, opérant par ses mandataires une transmission régulière à des successeurs, ne peut être atteinte par cet article.

L'article 10 prévoit le retrait de la concession pour le cas de non-payement de la redevance fixée à l'art. 3.

La Compagnie ne doit rien à la Ville, elle n'a donc rien à redouter des deux articles précités qui sont les seuls comminatoires.

Mais si la Ville a peu de droits à exercer contre la Compagnie, n'a-t-elle pas des devoirs à remplir envers ses actionnaires ?

L'article 4, qui a réglé le mode et le prix des transactions des loueurs, sera-t-il invoqué dès qu'il s'agira de l'intérêt de la Compagnie? Le traité dit :

L'évaluation de chaque numéro ne pourra être au-dessous de 7,500 fr. pour les fiacres ou coupés, et 6,500 fr. pour les cabriolets.

M. le Préfet de police formulera-t-il, cette fois, un chiffre *minimum* de vente? S'il ne le fait pas, MM. les actionnaires ne seront-ils pas fondés à répéter que la Compagnie aura enrichi deux fois MM. les loueurs : la première fois en leur achetant très-cher des chevaux et un matériel délabrés; la seconde fois, en étant obligée de leur vendre à vil prix les mêmes objets en bon état?

Le pouvoir de faire ne dispense pas de la responsabilité morale : au contraire, il l'augmente, et les traités ont établi entre l'autorité municipale et la Compagnie un lien tellement étroit, qu'en cas de liquidation, une solidarité fatale atteindrait nécessairement les deux parties contractantes.

Nous avons cru devoir provoquer, à ce sujet, des explications qui ne nous sont pas encore parvenues au moment où nous écrivons ces lignes. Le Rapport que nous aurons l'honneur de présenter à la prochaine assemblée générale complétera sur ce point, aussi bien que sur certains autres, les éclaircissements propres à guider MM. les actionnaires dans les résolutions qu'ils auront à voter.

DUCOUX,

Administrateur judiciaire et Directeur-gérant de la Compagnie
Impériale des voitures de Paris.

4 avril 1859.

Paris. — Imprimerie de P.-A. BOURDIER et Cie, rue Mazarine, 30.

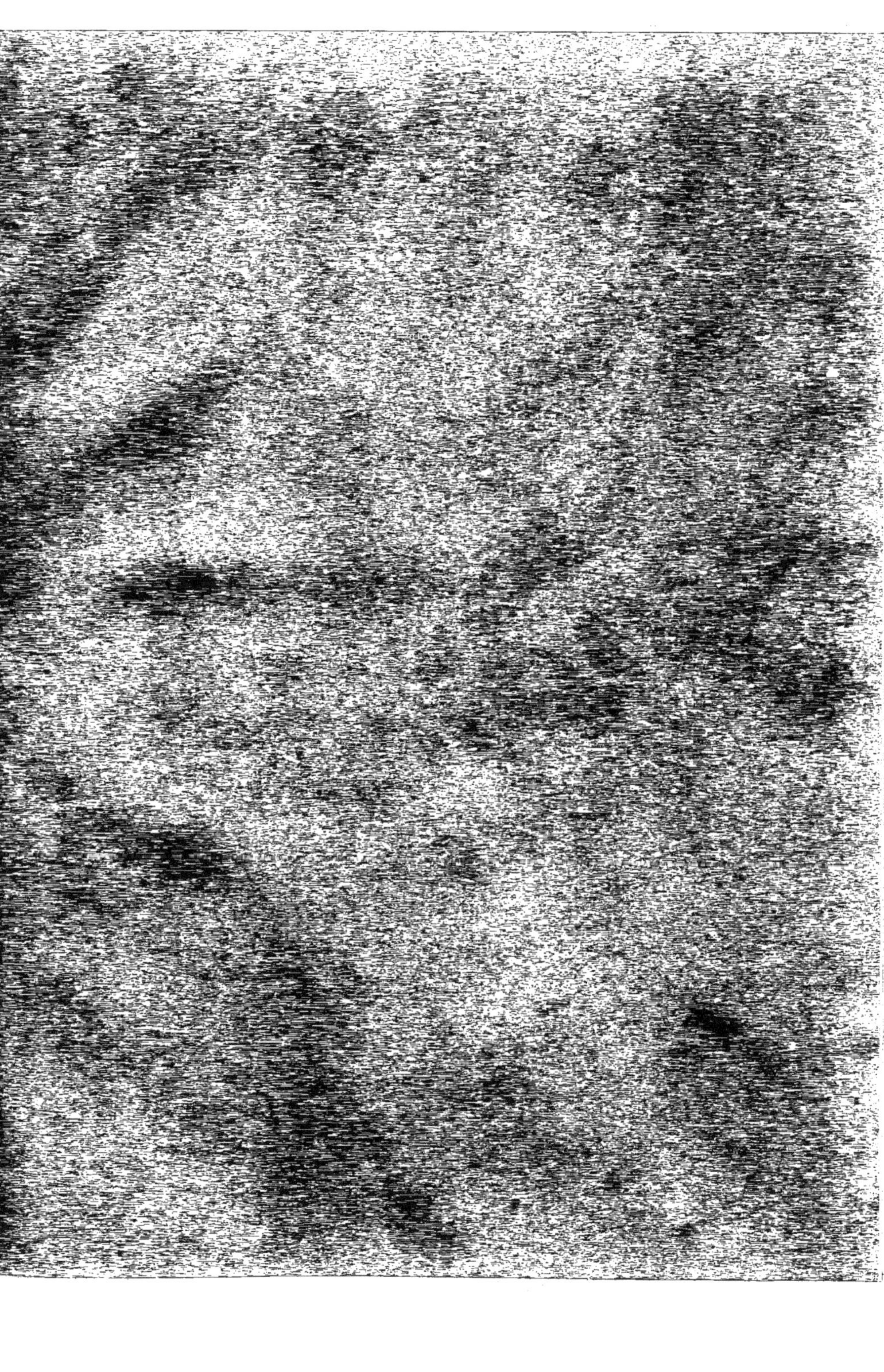

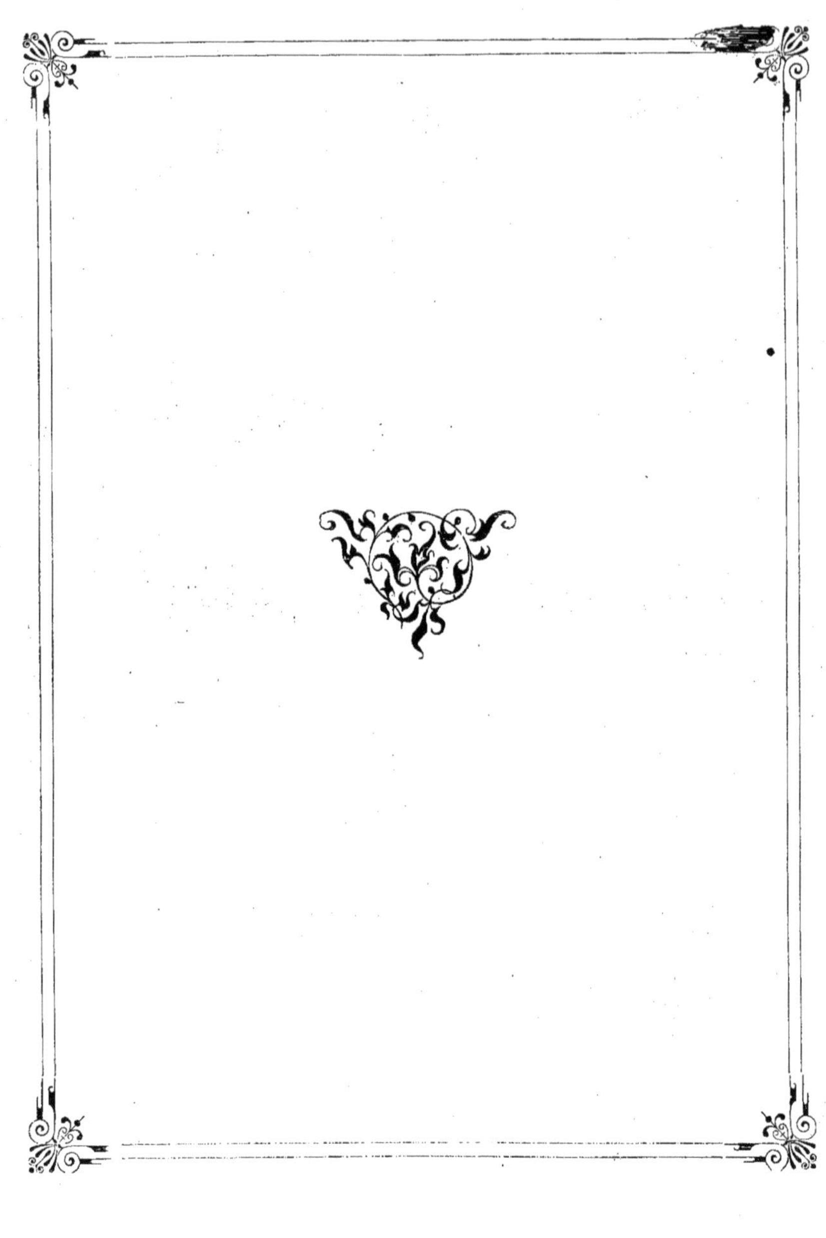

www.ingramcontent.com/pod-product-compliance
Ingram Content Group UK Ltd.
Pitfield, Milton Keynes, MK11 3LW, UK
UKHW021430090726
13657UKWH00003B/1018